GAOYA DIANLAN SHIYAN
BIAOZHUNHUA ZUOYE ZHIDAO SHOUCE

高压电缆试验
标准化作业指导手册

▶ 国网浙江省电力有限公司宁波供电公司　编

中国电力出版社
CHINA ELECTRIC POWER PRESS

图书在版编目（CIP）数据

高压电缆试验标准化作业指导手册 / 国网浙江省电
力有限公司宁波供电公司编. -- 北京 ：中国电力出版社，
2025. 4. -- ISBN 978-7-5198-9064-3

Ⅰ. TM247-65

中国国家版本馆 CIP 数据核字第 2024RX6063 号

出版发行：中国电力出版社
地　　址：北京市东城区北京站西街 19 号（邮政编码 100005）
网　　址：http://www.cepp.sgcc.com.cn
责任编辑：雍志娟
责任校对：黄　蓓　王小鹏
装帧设计：郝晓燕
责任印制：石　雷

印　　刷：三河市航远印刷有限公司
版　　次：2025 年 4 月第一版
印　　次：2025 年 4 月北京第一次印刷
开　　本：710 毫米×1000 毫米　16 开本
印　　张：8.25
字　　数：110 千字
定　　价：70.00 元

高压电缆试验标准化作业指导手册

编委会

主　任　周宏辉

副主任　翁东雷　汪从敏　张　永

成　员　孙　珑　夏　雯　余一栋　张　浩　姜云土

　　　　韩卫国　叶　薨　许亮亮　马诚佳　杨　璟

　　　　熊　吉　程国开　何玉涛

主　编　汪从敏

副主编　马　铁　许亮亮　王　亮

成　员　吴宇锋　张海龙　储　源　孙一通　罗先成

　　　　涂　楠　巴　灿　王劭均　过婷婷　柯逸丰

　　　　王韵清　蔡敏怡　李佳宁　孙雪维

前　言

　　为进一步提升高压电缆自主检修能力，强化高压电缆安全稳定运行质量，聚焦"安全质量、效率效益"，围绕检修试验业务能力提升、高素质技能人才队伍建设和核心业务回归，提升高压电缆自主检修能力，确保电缆检修试验核心业务"自己干""干得精"，打造电缆自主检修专业队伍，推动电缆专业高质量发展，为加快"两个转型"，高质量打造中国式现代化电力企业宁波标杆贡献力量。国网宁波供电公司特编制《高压电缆检修标准化作业指导手册》和《高压电缆试验标准化作业指导手册》，着力解决电缆检修、试验作业类型多样、分类型分项目缺乏标准化作业讲解培训资源的问题，以便更好服务电缆检修试验专业化人才成长。

　　《高压电缆试验标准化作业指导手册》围绕电缆试验，涉及主绝缘交流耐压试验、主绝缘电阻测量、外护套绝缘电阻测量、避雷器试验、回路电阻测量等内容，主要分为电缆试验类型及要求、电缆试验标准化作业流程、电缆故障定位标准化作业流程和典型案例四个部分。

　　本指导手册在编写和审核过程中，得到公司各专业中心相关人员的大力支持，在此深表感谢！鉴于编写人员水平和时间有限，难免有疏漏、不妥或错误之处，恳请大家批评指正，以便不断修订完善。若内容与上级发布的最新规程、规定有不符之处，应以上级最新的规程或规定为准。

目　录

第一章

电缆试验类型及要求

第一节　电缆试验类型

一、厂内试验（出厂前）

电缆出厂前，电缆制造厂通过 4 类试验对其生产的电缆质量予以合格确认：例行试验、抽样试验、型式试验和预鉴定试验。

（一）出厂试验

主要目的是检验每个产品是否存在偶然因素造成的缺陷。出厂试验主要有 3 项：导体直流电阻试验（检查导体截面是否符合规定尺寸）、交流电压试验和局部放电试验（检查电缆生产工艺质量及其在制造过程中有无差错）。

（二）抽样试验

主要是验证生产过程中产品的关键性能是否符合设计要求。定期定量做（一般抽检 10%），抽样试验多为破坏性，主要有 3 项：结构尺寸检查、4h 交流耐压试验、热延伸试验。

（三）型式试验

型式试验主要是为了确定电缆产品的设计是否满足预期的使用要求。一般为一次性试验，而且多为破坏性的，包括电气性能、机构物理性能及各种特定要求的性能等。型式试验主要有 7 项：局部放电试验、弯曲试验加局部放电试验、介损及电容试验、加热循环后局部放电试验、冲击电压试验及交流电压试验、4h 交流电压试验、加速老化试验。

（四）预鉴定试验

预鉴定试验主要内容是在 100m 左右电缆（包括各种附件）的整个电缆试验线上，施加 1.7 倍额定运行电压，试验电压维持 1 年，同时加大电流使导体工作，温度达到额定温度并保持正偏差 0～5℃，然后冷却到环境温度，共进行不少于 180 次的冷热循环。在这种高场强热循环试验完成后，在整个电缆试验线路上进行操作冲击电压试验和雷电冲击电压试验，有条件的还要监测局部放电性能。

二、现场高压试验

出厂后，如图所示，电缆在投入使用过程中也面临着各种损害，考虑到检验设备运输过程中的损坏；检验现场施工质量（失误）；预防故障发生；电缆安装后的电气试验，用以证明装后的电缆系统完好试验等目的，作业人员必须继续对电力电缆开展相应的高压试验项目。

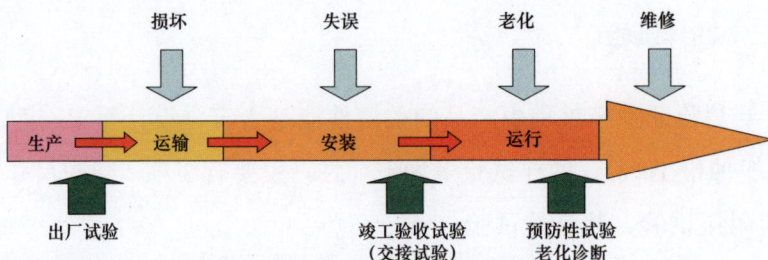

图 1-1 现场高压试验的目的

现场高压试验包括交接试验（安装竣工后）以及预防性试验（投运后）两种。

（一）交接试验（安装竣工后）

交接试验是指电力电缆线路安装完成后，为了验证线路安装质量对电缆线路开展的各种试验。参考以下标准：

1）《高压电缆线路试验规程》Q/GDW 11316—2018。

2）电力电缆及通道运维规程。

3）运检二〔2017〕104 号 国网运检部关于印发高压电缆及通道工程生产准备及验收工作指导意见的通知。

其中，凡是注日期的引用文件，仅注日期的版本适用于本文件。凡是不注日期的引用文件，其最新版本适用于本文件，综上，主要试验类型可概括为：见表 1-1。

表 1-1　　　　　　　　高压电缆交接试验类型

序号	项目	要求
1	绝缘电阻	1）一般应大于 1000MΩ； 2）额定电压 0.6/1kV 电缆用 1000V 兆欧表，0.6/1kV 以上电缆用 2500V 兆欧表，6/6kV 及以上电缆也可用 5000V 兆欧表
2	电缆外护套、内衬层绝缘电阻	1）测量采用 500V 兆欧表； 2）绝缘电阻不低于 0.5MΩ·km 且试验段绝缘电阻不小于 50MΩ
3	电缆外护套直流电压试验	1）仅对单芯交流电缆进行，110kV 及以上单芯电缆外护套连同接头外保护层施加 10kV 直流电压，试验时间 1min，不应击穿，试验前后绝缘电阻值无明显变化； 2）为了有效试验，外护套全部外表面应接地良好
4	电缆主绝缘交流耐压试验	1）试验频率优选 20-300Hz，试验电压和时间符合以下规定： （见下表） 2）耐压试验前后应进行绝缘电阻测试，测得值应无明显变化

额定电压 U_0/U（kV）	试验电压		时间（min）
	新投运线路或不超过 3 年的非新投运线路（U_0）	非新投运线路（U_0）	
48/66	2	1.6	60
64/110	2	1.6	
127/220	1.7	1.36	
190/330	1.7	1.36	
290/500	1.7	1.36	

续表

序号	项目	要求
5	相位核对	检查电缆线路的两端相位应一致，并与电网相位相符合
6	局部放电试验	1）对于 35kV 及以下电缆线路，交接试验宜开展局部放电检测； 2）对于 66kV 及以上电缆线路，在主绝缘交流耐压试验期间应同步开展局部放电检测

（二）预防性试验（投运后）

预防性试验是一种针对已投入运行的高压电缆而进行的试验。它主要是以预防为主，电气设备不论运行情况如何，经过一定的运行时间后，都要进行定期试验，通常是结合电气设备的大修或小修来进行。电气设备预防性试验是判断设备能否继续投入运行、预防设备损坏及保证安全运行的重要措施。参考以下标准：

（1）《高压电缆线路试验规程》Q/GDW 11316—2018。

（2）电力电缆及通道运维规程。

（3）运检二〔2017〕104 号 国网运检部关于印发高压电缆及通道工程生产准备及验收工作指导意见的通知。

依据以上文件主要试验类型包括见表 1-2：

表 1-2　　　　　　　　　高压电缆预防性试验类型

序号	项目	周期	要求	说明
1	主绝缘的绝缘电阻	新作终端或接头后	>1000MΩ	0.6/1kV 电缆用 1000V 兆欧表；0.6/1kV 以上电缆用 2500V 兆欧表；66kV 及以上电缆可用 5000V 兆欧表
2	外护套绝缘电阻	110kV 及以上：6 年	每千米绝缘电阻值不低于 0.5MΩ	1）采用 500V 兆欧表； 2）对外护套有引出线者进行
3	带电测试外护层接地电流	110kV 及以上：1 年	单回路敷设电缆线路，一般不大于电缆负荷电流值的 10%，多回路同沟敷设电缆线路，应注意外护套接地电流变化趋势，如有异常变化应加强监测并查找原因	用钳型电流表测量

序号	项目	周期	要求				说明
4	外护套直流耐压试验	110kV 及以上：必要时	按制造厂规定执行				必要时，如：当怀疑外护套绝缘有故障时
5	主绝缘交流耐压试验	1）大修新作终端或接头后；2）必要时	推荐使用频率 20～300Hz 谐振耐压试验：				1）不具备试验条件时可用施加正常系统相对地电压 24 小时方法替代；2）对于运行年限较久（如 5 年以上）的电缆线路，可选用较低的试验电压或较短的时间；3）必要时，如：怀疑电缆有故障时
			额定电压（kV）	试验周期	试验电压（U_0）	时间（min）	
			110（66）	新投运 3 年内开展一次，以后根据状态评估结果必要时进行	1.6	5	
			127/220 及以上		1.36		
6	电缆金属屏蔽层电阻	1）要判断屏蔽层是否出现腐蚀时；2）新做终端或接头后	要求在同等测量条件下，屏蔽层电阻和导体电阻比不应有明显变化。通常，比值增大，可能是屏蔽层出现腐蚀；比值减少，可能是附件中的导体连接点的电阻增大				—

交叉互联系统的试验项目、周期和要求（见表 1−3）：

表 1−3　　　　交叉互联系统的试验项目、周期和要求

序号	项目	周期	要求	说明
1	电缆外护套、绝缘接头外护套与绝缘夹板的直流耐压试验	110kV 及以上：必要时	在每段电缆金属屏蔽或金属套与地之间施加直流电压 5kV，加压时间 1min，不应击穿	1）试验时必须将护层过电压保护器断开，在互联箱中将另一侧的三段电缆金属套都接地；2）必要时，如：怀疑有缺陷时
2	护层过电压保护器的绝缘电阻或直流伏安特性	6 年	1）伏安特性或参考电压应符合制造厂的规定；2）用 1000V 兆欧表测量引线与外壳之间的绝缘电阻，其值不应小于 10MΩ	—
3	互联箱闸刀（或连接片）接触电阻和连接位置的检查	110kV 及以上：必要时	1）在正常工作位置进行测量，接触电阻不应大于 20μΩ；2）连接位置应正确无误	1）用双跨电桥或回路电阻测试仪；2）在交叉互联系统的试验合格后密封互联箱之前进行：如发现连接错误重新连接后必须重测闸刀（或连接片）的接触电阻；3）必要时，如：怀疑有缺陷时

其余包括避雷器试验，接地电阻测量等，详见附录 A。

第二节　交接试验项目及试验方法

一、主绝缘及外护套绝缘电阻测量

（一）试验目的

测量绝缘电阻是检查电缆线路绝缘状态最简单、最基本的方法。测量绝缘电阻一般使用绝缘电阻表（也叫兆欧表），可以检查出电缆主绝缘或外护套是否存在明显缺陷或损伤。初步判断主绝缘以及外护套是否受潮、老化，检查耐压试验后电缆主绝缘是否存在缺陷。电阻下降表示绝缘以及外护套受潮或发生老化、劣化，可能导致电缆击穿和烧毁。只能有效地检测出整体受潮和贯穿性缺陷，对局部缺陷不敏感。

（二）试验方法和要求

测量绝缘电阻时，应分别在每一相上进行。对一相进行试验或测量时，其他两相导体和金属屏蔽（金属套）一起接地。试验结束后应对被试电缆进行充分放电。

电缆主绝缘电阻测量应采用 2500V 及以上电压的兆欧表，外护套绝缘电阻测量宜采用 1000V 兆欧表。耐压试验前后，绝缘电阻应无明显变化。电缆外护套绝缘电阻与电缆长度乘积不低于 0.5MΩ·km。对应不同电压等级测试电压为 0.6/1kV 电缆测量电压 1000V；0.6/1kV 以上电缆测量电压 2500V；66kV 以上电缆也可用 5000V。对 110kV 及以上电缆而言，使用 5000V 或 10000V 的电动兆欧表，电动兆欧表最好带自放电功能。每次换接线时戴绝缘手套，每相试验结束后应充分接地放电。见图 1−2、图 1−3。

（三）试验设备

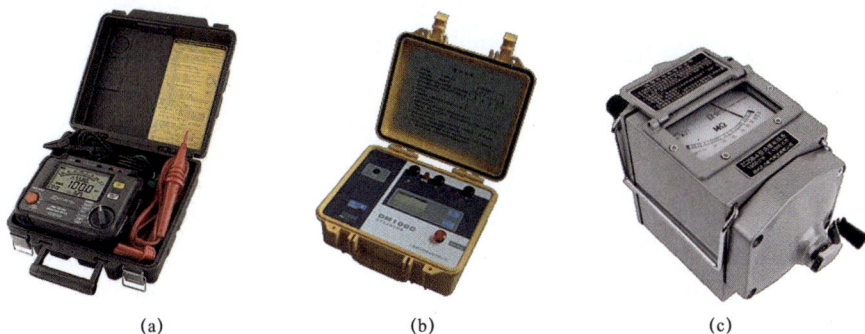

(a)　　　　　　　　　(b)　　　　　　　　　(c)

图 1-2　电子式兆欧表（a）、（b）和手摇式兆欧表（c）

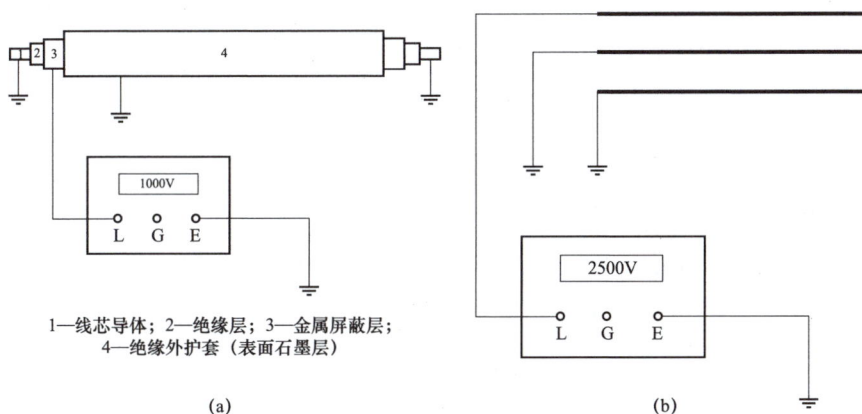

1—线芯导体；2—绝缘层；3—金属屏蔽层；
4—绝缘外护套（表面石墨层）

(a)　　　　　　　　　　　　(b)

图 1-3　电缆护层绝缘测试接线图（a）和电缆主绝缘测试接线图（b）

二、主绝缘交流耐压试验

（一）试验目的

交流耐压试验式电缆敷设完成后进行的基本试验，是判断电缆线路是否可以运行的基本方法。当电缆线路中存在微小缺陷时，在运行过程中可能会逐渐发展成局部缺陷或整体缺陷。因此，为了考验电缆承受电压的能力，需进行交流耐压试验。

（二）试验方法及要求

变频串联谐振系统由变频电源、励磁变压器、谐振电抗器、分压器及试品（有时需补偿电容器）组成。见图1-4。

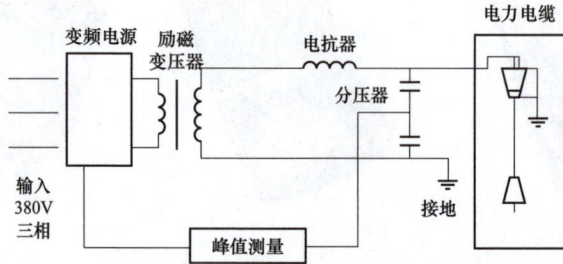

图1-4　变频串联谐振系统示意图

（1）变频电源：频率在 20～300Hz 连续可调的功率电源，用来改变工频交流电频率确保试验电压的频率处在谐振点上。

（2）励磁变压器：将变压试验回路与变频电源隔离；变压匹配作用，最大程度做到变频电源与被试电缆的功率和电压匹配。

（3）谐振电抗器：与容性试品组成谐振回路，以获得高压。根据参数计算选用合适的串联谐振装置的电抗器（可多个串联或并联）。

（4）分压器：电容分压器并联在试品高压端监测试品电压。见图1-5。

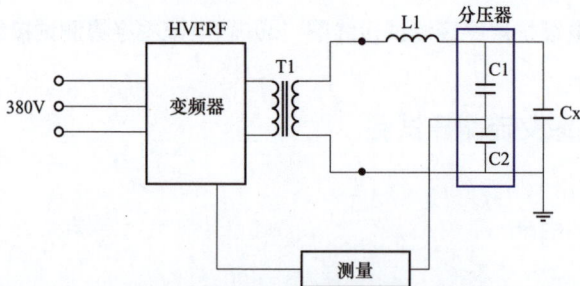

图1-5　变频串联谐振系统示意图

（5）试验分别在每一相电缆进行，对一相进行试验时，其他两相导体、金属屏蔽或金属套和铠装层一起接地。

（6）对金属屏蔽或金属套一端接地，另一端装有护层过电压保护器的，将护层过电压保护器短接,使这一端的电缆金属屏蔽或金属套临时接地。见图1-6。

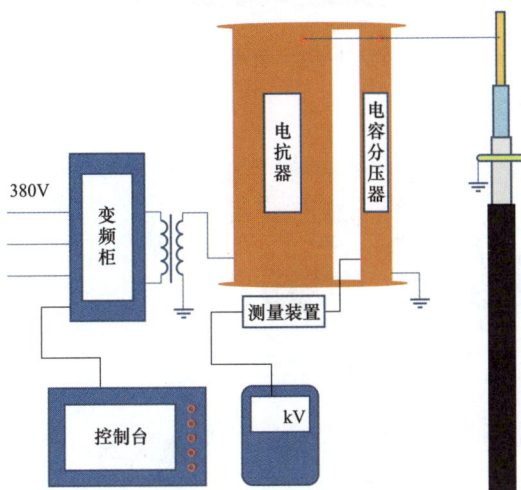

图 1-6　金属屏蔽或金属套临时接地

（三）试验设备（见图1-7～图1-14）

（1）分体式谐振耐压试验设备。

图 1-7　分体式谐振耐压试验设备

（2）车载式谐振耐压试验设备。

图1-8　车载式谐振耐压试验设备

（3）变频电源。

图1-9　变频电源

（4）励磁变压器。

图1-10　励磁变压器

（5）电抗器。

图 1-11　电抗器

（6）电容分压器。

图 1-12　电容分压器

（四）耐压试验装置接线（见图 1-13～图 1-14）

注：1. 集装箱尺寸：6058×2438×2400。重约7吨。
　　2. 电抗器尺寸：4324×2438×2400。重约22吨。

图 1-13　耐压试验装置接线（一）

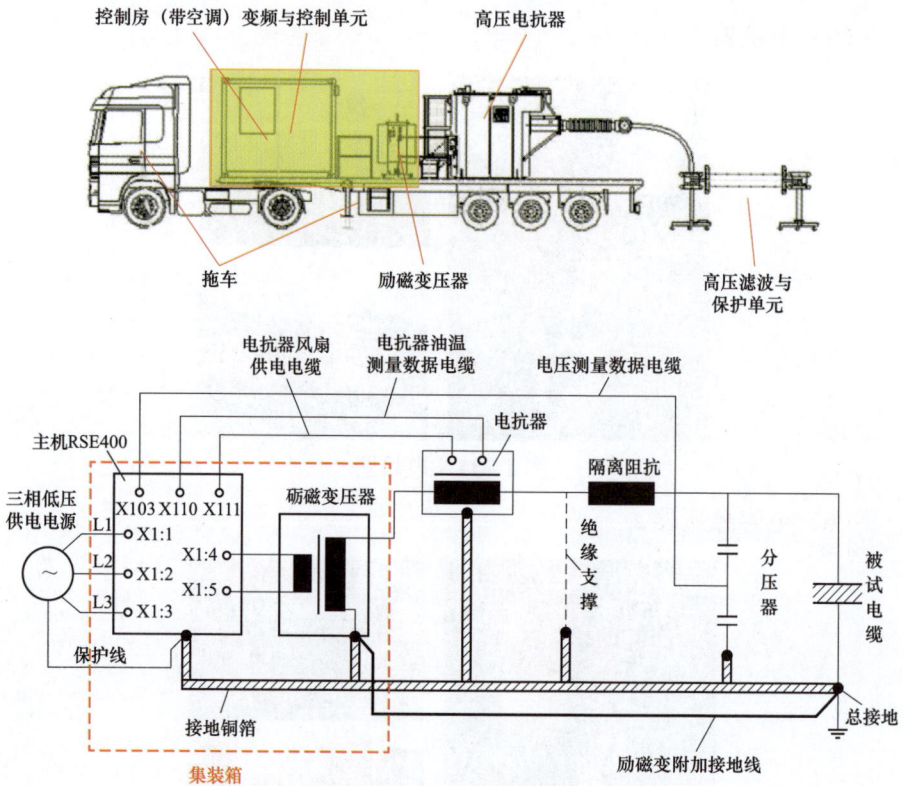

图 1-14　耐压试验装置接线（二）

三、外护套直流电压试验

（一）试验目的

对于单芯电缆，需要对其外护套进行直流耐压试验，检查外护套是否存在绝缘缺陷，确保在正常运行期间外护套能够承受金属护套上的感应电压。高压单芯电缆在运行时，由于导体电流的电磁感应，会在金属护套上产生感应电压。如外护套破损，将在金属护套上形成环流，环流的存在会降低电缆载流量，严重者可导致护套腐蚀，进而引发绝缘击穿事故。

（二）试验方法及要求

（1）外护套连同接头外护层施加 10kV 直流电压，试验时间 1min。

（2）为了有效试验，外护套全部外表面应接地良好。

（3）检测部位：非金属护套与接头外护层（对外护层厚度 2mm 以上，表面涂有导电层者，基本上即对 110kV 及以上电压等级电缆进行）。

（4）对于交叉互联系统，直流耐压试验在交叉互联系统的每一段上进行，试验时将电缆金属护层的交叉互联连接断开，被试段金属护层接直流试验电压，互联箱中另一侧的非被试段电缆金属护层接地，绝缘接头外护套、互联箱段间绝缘夹板、引线同轴电缆连同电缆外护层一起试验。

（三）试验设备

直流高压发生器。见图 1-15。

图 1-15　直流高压发生器

四、电缆两端的相位检查

（一）试验目的

电缆线路在敷设、安装附件后，为了保证两端的相位一致，需要对两端的相位进行检查。电气设备与电网之间、电网与电网之间连接的相位必须一致才能正常运行。电缆线路连接电网和电气设备必须保证两端的相位一致，所以电缆线路安装竣工或经过检修后都要认真进行核相工作。

（二）试验方法

将电缆线路两端的线路接地闸刀拉开，对电缆进行充分放电，对侧三相全部悬空，将测量线接绝缘电阻表"L"端，"E"端接地。通知对侧人员将电缆其中一相接地（以 A 相为例），另两相空开，绝缘电阻为 0 的芯线为 A 相。试验完毕后，对被试电缆放电并记录。完成上述操作后，通知对侧将接地线接在线路另一相，重复上述操作，直至对侧三相均有一次接地。

电缆线路两端的相位应一致，并与电网相位相符合。见图 1－16。

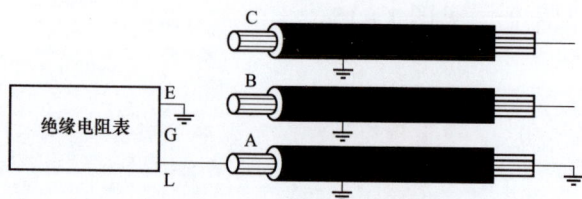

图 1－16　相位示意图

五、金属屏蔽（金属套）电阻与导体电阻比测量

（一）试验目的

金属屏蔽层（金属套）电阻和导体电阻比测量用于检查电缆金属屏蔽层是否发生锈蚀以及在电缆线路重新制作接头后，用于检查接头的导体连接是否良好。因此，在交接试验时开展此项试验，可以为运行阶段提供基准参考。

（二）试验方法

结合其他连接设备一起，采用双臂电桥或其他方法，测量在相同温度下的回路金属屏蔽（金属套）和导体的直流电阻，并求取金属屏蔽（金属套）和导体电阻比，作为今后监测基础数据。

与投运前的测量数据相比较不应有较大的变化。当前者与后者之比与投运前相比增加时，表明屏蔽层的直流电阻增大，铜屏蔽层有可能被腐蚀，当该比值与投运前相比减少时，表明附件中的导体连接点的接触电阻有增大的可能。

六、交叉互联系统试验

（一）试验目的

当电缆线路距离较长时，单芯电缆的金属套上将会产生很高的感应电压，为了限制这种感应电压，一般在电缆中间接头处采取交叉互联的方式，将三相电缆的金属层互换连接，在三相之间的相位差作用下，感应电压相互抵消，进而限制金属套上的感应电压值。因此，在电缆线路投运前，需要对交叉互联系统进行试验检查。

（二）交叉互联系统介绍

1. 交叉互联系统示意图，见图 1-17

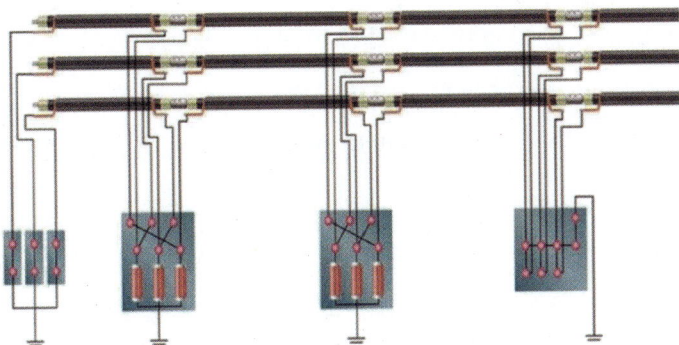

图 1-17　交叉互联系统示意图

2. 交叉互联效果及构成

相比不交叉互联，金属护层流过的电流大大降低，非接地端金属护层上最高感应电压为最长长度那一段电缆金属护层上感应的电压。同时，交叉互联必须断开金属护层，断口间与对地均需绝缘良好，一般采用互联箱进行电缆金属护层的交叉互联。其中，接地端金属护层通过同轴电缆引入直接接地箱接地；非接地端金属护层通过同轴电缆引入交叉互联接地箱，箱内装有护层过电压保护器限制可能出现的过电压。

（三）试验方法

（1）交叉互联系统对地绝缘的直流耐压试验：试验时应事先将护层电压限制器断开，并在互联箱中将另一侧的三段电缆金属套全部接地，使绝缘接头的绝缘环部分也同时进行试验。在每段电缆金属屏蔽或金属套与地之间施加直流电压 10kV，加压时间 1min，交叉互联系统对地绝缘部分不应击穿。

（2）非线性电阻型护层电压限制器：

a）氧化锌电阻片：对电阻片施加直流参考电流后测量其压降，即直流参考电压，其值应在产品标准规定的范围之内；

b）非线性电阻片及其引线的对地绝缘电阻：将非线性电阻片的全部引线并联在一起与接地的外壳绝缘后，用 1000V 测量引线与外壳之间的绝缘电阻，其值不应小于 10MΩ。

（3）互联箱、护层直接接地箱、护层保护接地箱。

a）接触电阻：本试验在完成护层电压限制器试验后进行。将连接片恢复到正常工作位置后，用双臂电桥测量连接片的接触电阻，其值不应大于 20μΩ；

b）连接片连接位置：本试验在以上交叉互联系统的试验合格后密封互联箱之前进行。连接位置应正确。如发现连接错误而重新连接后，则必须重测连接片的接触电阻。

（4）交叉互联系统导通试验。

a）检查一个交叉互联段内的两个交叉互联箱，交叉互联箱内的连接片安装方式应相同；

b）假设交叉互联方式如图所示，同轴电缆的内导体连接 1 号直接接地箱侧电缆金属护层，外导体连接4号直接接地箱侧电缆金属护层（即内芯连小号侧，外芯连大号侧），则测试方法见图1-18。

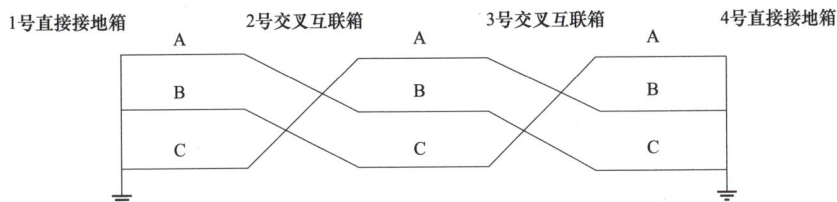

图1-18 测试方法

（5）将一个交叉互联段内的所有交叉互联箱的连接片拆除，使用万用表或绝缘摇表进行检测，1号直接接地箱内A、B、C相接地电缆应分别与2号交叉互联箱内A、B、C相同轴电缆的内导体导通，2号交叉互联箱内A、B、C相同轴电缆的外导体应分别与3号交叉互联箱内A、B、C相同轴电缆的内导体导通，3号交叉互联箱内A、B、C相同轴电缆的外导体应分别与4号直接接地箱内的A、B、C相接地电缆导通。

图1-19 接地交叉互联箱现场图

（6）将2号交叉互联箱、3号交叉互联箱内的连接片恢复安装，使用万用表或绝缘摇表进行检测，1号直接接地箱内的A、B、C相接地电缆应分别与4号直接接地箱内的C、A、B相接地电缆导通，见图1-19。

第三节 例 行 试 验

一、主绝缘及外护套绝缘电阻测量

具体参照第二节第一条内容进行开展，主绝缘及外护套绝缘电阻测量应在电缆交流耐压试验前后进行，测量值与初值应无明显变化。

二、主绝缘交流耐压试验

采用频率范围为 20～300Hz 的交流电压对电缆线路进行耐压试验，见表 1-4。

表 1-4　　电缆线路交流耐压试验周期、试验电压及耐受时间

额定电压（kV）	试验周期	试验电压	时间（min）
110（66）	新投运 3 年内开展一次，以后根据状态评价结果必要时进行	$1.6\,U_0$	5
127/220 及以上		$1.36\,U_0$	

注　考虑到例行试验中交流耐压试验的必要性和电缆线路的数量，66kV 以上的电缆线路的交流耐压试验由"6 年一次（110（66）kV）"或"3 年一次（220kV 及以上）"改为"新投运 3 年内开展一次，以后根据状态评价结果必要时进行"。

三、接地电阻测试

按照 DL/T 475 规定的接地电阻测试仪法对电缆线路接地装置接地电阻进行测试。隧道接地装置接地电阻不大于 5Ω，综合接地电阻不大于 1Ω；电缆沟接地电阻不大于 5Ω；工作井接地电阻不大于 10Ω。

四、交叉互联系统试验

交叉互联系统对地绝缘的直流耐压试验：按照第二节第六条的试验方法在每段电缆金属屏蔽（金属套）与地之间施加直流电压 5kV，加压时间 1min，交叉互联系统对地绝缘部分不应击穿。

（1）按照第二节第六条要求对非线性电阻型护层电压限制器进行检测。

（2）按照第二节第六条要求对互联箱进行检测。

五、避雷器预试

金属氧化物避雷器例行试验项目，见表1–5。

表1–5   金属氧化物避雷器例行试验项目

例行试验项目	基准周期	要求
运行中持续电流检测（带电）	110（66）kV 及以上：1 年	阻性电流初值差≤50%，且全电流≤20%
直流 1mA 电压（U_{1mA}）及在 0.75 U_{1mA} 下漏电流测量	1. 110（66）kV 及以上：3 年； 2. 35kV 及以下：4 年	1. U_{1mA} 初值差不超过±5%且不低于 GB 11032 规定值（注意值）； 2. 0.75U_{1mA} 漏电流初值差≤30%或≤50μA（注意值）
底座绝缘电阻		≥100MΩ

第四节 电缆故障探寻试验

一旦电缆绝缘被破坏产生故障、造成供电中断后，测试人员一般需要选择合适的测试方法和合适的测试仪器，按照一定测试步骤，来寻找故障点。

电力电缆故障查找一般分故障性质诊断、故障测距、故障定点三个步骤进行。

故障性质诊断过程，就是对电缆的故障情况作初步了解和分析的过程。然后根据故障绝缘电阻的大小对故障性质进行分类。再根据不同的故障性质选用不同的测距方法粗测故障距离。然后再依据粗测所得的故障距离进行精确故障定点，在精确定点时也需根据故障类型的不同，选用合适的定点方法。

例如：对于比较短的电缆（几十米以内）也可以不测距而直接定点；但对长电缆来说，如果漫无目的地定点将会延长故障修复时间，进而可能会影响测试信心而放弃故障的查找。

一、电力电缆故障查找的准备工作与故障性质诊断

（一）电力电缆故障测试的准备工作

（1）电缆发生故障后，首先要办理好工作任务单或者按电业规程办理好工作票。

（2）明确所从事的工作任务、工作内容中，有关线路的名称、位置及周边线路运行状况等。

（3）预测好充分的故障抢修时间，不能影响其他线路的正常运行。

（4）备好有关故障线路的资料。其中包括：运行历史、时间、故障前的运行状况电缆线路长度、截面积、规格型号、接头位置、电缆走向图等。

（5）合理组织故障抢修人员，准备必需的仪器、仪表。出发前，仔细检查所使用的仪器、仪表，确保其完好无损，符合测试要求。

（二）测试前的注意事项

（1）进入故障电缆现场后，必须严格遵守"电业安全规"规定的操作步骤，保证测试人员与探测设备的安全。

（2）现场工作人员职责清晰，分工明确，服从统一指挥。

（3）正确核对故障线路的名称，确认同工作任务所列内容相符合。

（4）仔细核对工作单上的安全措施，确认跟现场实际情况相符。

（5）确认测试时使用的高压设备在现场操作中，放置是否恰当，对地安全距离是否足够，是否影响操作人员的操作。

（6）在电缆故障线路的另一端，同样要按以上步骤进行，同时探测故障时，要做好另一端的安全监护措施。

（7）测量前要尽量将故障线路两端的电气设备同电缆隔离，以保安全。

以上步骤正确无误后，方可进一步对故障线路进行验电、放电、接地工作。

（三）故障性质诊断与测试方法选择

测试前期的准备工作完成后，开始进行故障测试第一步：故障性质诊断，然后再根据不同的故障性质来选择不同的故障测距与定点方法。它分以下几个步骤：

（1）故障绝缘情况测试。

将电缆两端终端头同其他相连的设备断开，将终端头的套管等擦拭干净，排除外界环境可能造成的影响，然后用500V兆欧表测量故障电缆各相线芯对地、对金属屏蔽层和各线芯间的绝缘电阻。如果阻值过小，兆欧表显示基本为零值时，可改用万用表进一步测量，并做好记录。当电缆的故障线芯对地或线芯之间的绝缘电阻达到几十兆欧甚至于更高阻值时，可考虑电缆有闪络性故障存在的可能。

（2）电缆线芯情况测试。

在测量对端将各线芯同金属护层（钢铠）短路，用万用表的电阻挡测量线芯或金属护层（钢铠）的连续性，检查电缆是否存在中间开路现象，或直接用测距仪中的低压脉冲法测试，看是否有开路波形出现；如果有，最好用万用表再确认一下。

（3）故障分类及测试方法选择。

常见的电缆故障性质的分类方法有：1）按故障现象分类可分为开放性故障和封闭性故障。故障定点时，开放性故障比较容易查找。

2）按故障位置分类可分为接头故障和电缆本体故障。受到外力破坏的电缆发生本体故障的情况比较多，而非外力破坏的故障电缆，故障往往发生在接头处。

3）按接地现象分类可分为单纯的开路故障、相间故障、单相接地故障和多相接地混合性故障等。单纯的开路故障和相间故障不常见，常见的故障一般是单相接地或多相接地故障。

4）按电缆的线芯情况和绝缘电阻大小分类可分为开路故障、短路（低阻）故障、高阻故障和闪络性故障。

（4）故障性质诊断与测试方法的选择对电缆的绝缘情况和线芯情况测试的过程，就是对故障性质的诊断过程。诊断后按电缆的绝缘电阻和线芯情况对故障进行分类，然后根据不同的故障性质类型选择不同的测试方法。

1）开路故障。电缆有一芯或数芯导体开路或者金属护层（钢铠）断裂的故障。单纯的开路故障并不常见，一般都伴有经电阻接地现象的存在，这类故障可选用低压脉冲法测距。对于经电阻接地的开路故障，也可选用脉冲电压法或脉冲电流法进行测距，接地电阻较高的还可选用二次脉冲法进行测距。

经电阻接地的开路故障的定点一般选用声测法或声磁同步法，而对于完全开路而不接地的电缆故障，定点时可以按闪络性故障对待。

2）低阻故障或短路故障。电缆的一芯或数芯对地绝缘电阻或者线芯与线芯之间绝缘电阻低于几百欧姆的故障。高阻故障与低阻故障的区分原则是：用低压脉冲法测试时能否清楚识别出故障点的低阻反射波。一般能识别的就是低阻故障，不能识别的就是高阻故障。而这个电阻临界点一般就在几百欧姆左右。

一般常见的有单相低阻接地、二相短路并接地及三相短路并接地等。该类故障可以用低压脉冲法测距，也可以选择用脉冲电压法或脉冲电流法测试故障距离。在向这种电阻接近为零的低电阻故障或短路故障的电缆中施加高压脉冲使之击穿放电时，故障点处的放电电弧很不容易产生，故障点的放电脉冲波形可能没有多次同射，在仪器的显示屏上只能看到高压设备的发射脉冲和故障点的放电脉冲两个波（在低压电缆故障查找时常见）。而又由于故障点放电电离时间（放电延时）的存在通过这两个波形得到的距离一般是大于故障距离的，所以用脉冲电压法或脉冲电流测得的低阻故障距离的精度不如直接用低压脉冲法测得的距离精度高。

对这种故障的一般做法是：用低压脉冲法测距，必要时可再用脉冲电流法或电桥法验证一下。

考虑到这种故障加冲击高压时可能有放电声音，也可能没有放电声音，所以对类故障定点的常用做法是：先用声测法和声磁同步法定点，当故障点确实没有放电声音时再考虑用音频信号感应法或跨步电压法定点。

3）高阻故障。电缆的一芯或数芯对地绝缘电阻或者线芯与线之间绝缘电阻低于正常值但高于几百欧姆的故障。

这类故障情况的发生概率比较高，占电缆故障的 80% 左右。虽然这类故障的电阻不是很低，但直流电压却加不上去。对于这类故障，一般采用脉冲电流法或脉冲电压法中的冲击闪络方式测量，或者用二次脉冲法测量。有时由于故障点处受潮或进水在绝缘电阻大于几百欧姆时，用低压脉冲方式的比较法也能测出故障距离。

对这种故障一般的做法是：先用低压脉冲方式中的比较法测量，看能不能测出疑的故障波形，然后再用二次脉冲法、脉冲电流法或脉冲电压法测量。当低压脉冲法测得的故障距离和脉冲电流法（或脉冲电压法）测得的故障距离差不多时，按低压脉冲测得的故障距离去定点；当两个距离相差比较远时就按脉冲电流法或脉冲电压法的故障距离去定点。如果用二次脉冲法能测出故障距离，就以二次脉冲法测得的距离为准。

向存在这类故障的电缆中施加足够高的高压脉冲时，故障点处一般都会产生比较大的放电声音，所以对这类故障定点时，一般采用声磁同步法。

4）闪络性故障。电缆的一芯或数芯对地绝缘电阻或者线芯与线芯之间的绝缘电阻值非常高，但当对电缆进行直流耐压试验时，电压加到某一数值，突然出现绝缘击穿的现象。这类故障称之为闪络性故障。

这类故障不常见，一般在进行预防性试验中出现。该类故障用脉冲电流法或脉冲电压法中的直闪方式测距最好，但由于该类故障加直流电压放电几次后就可能会转成高阻故障，所以这类故障在实际测试时还是采用二次脉冲法或脉冲电流法和脉冲电压法中的冲闪方式测试故障点的距离为好。

对这类故障定点方法的选用同高阻故障。但这类故障常常是封闭性的，从故障点传出的放电声音通常比较小，会给故障定点工作带来一定的困难。

5）电缆主绝缘的特殊故障。在用脉冲法测试电缆的故障时，会遇到一种没有反射脉冲或反射脉冲波形比较乱的故障，以下几种情况容易产生这类故障。

（1）大范围进水受潮的电缆。

（2）故障点处的护层和铜屏蔽层因制造工艺不良或被烧焦而长距离缺失的电缆。

（3）较长的、中间接头较多的低压电缆。

（4）单芯无钢带且屏蔽材料是铜皮的电缆。

对这类故障施加脉冲电压使故障点放电时，故障点放电脉冲的反射信号在传播过程中，被大量衰减或被加入大量阻抗不匹配点的反射信号，使得仪器很难真正接收到故障点的反射脉冲波形或接收到的波形比较乱。这时可以选用电桥法测试这类故障的故障距离。

6）单芯高压电缆护层故障。单芯高压电缆的护层故障是电缆的金属护层和大地之间发生绝缘不够的现象，绝缘不好的两者之间只有一个金属相（铝护套），另一相是大地，而大地的衰减系数很大，在测量故障距离时，使用脉冲法能测量的范围很小，所以脉冲法不太适合测试这类故障，同样需选用电桥法测试这类故障的故障距离。

表 1 - 6　　　　　　　　　　故障分类及测试方法选择表

故障性质		发生概率	测距方法	最佳定点方法
开路故障		几乎不发生	低压脉冲法/或按闪络性故障测试	按闪络性故障测试
短路（低阻）故障		低压电缆发生较多	低压脉冲法/脉冲电流法	声磁同步法/金属性短路故障用音频信号感应法定位
高阻故障	50kΩ 以下	80%以上	二次脉冲法/脉冲电流法/电桥法	声磁同步法
	50kΩ 以上		二次脉冲法/脉冲电流法	声磁同步法
闪络性故障		很少	二次脉冲法/脉冲电流法	声磁同步法
电缆主绝缘的特殊故障和单芯高压电缆的护层故障		很少	电桥法	声磁同步法、跨步电压法

二、故障测距方法

1. 电桥法

方法简介：主要包括传统的直流电桥法、压降比较法和直流电阻法等几种方法。它是通过测量故障电缆从测量端到故障点的线路电阻，然后依据电阻率计算出故障距离；或者是测量出电缆故障段与全长段的电压降的比值，再和全长相乘计算出故障距离的一种方法。一般用于测试故障点绝缘电阻在几百千欧以内的电缆故障的距离。

下面介绍三种常用的电桥法原理。

（1）直流电桥法。直流电桥法是一种传统的电桥测试法。测试线路的连接如图 1-20 所示，将被测电缆故障相终端与另一完好相终端短接，电桥两警分别接故障相与非故障相，其等效电路图如图 1-21 所示。

仔细调节可变电阻 R_2 数值，使电桥平衡，这时 CD 间的电位差为 0，无电流流过检流计，此时根据电桥平衡原理可得：$R_3/R_4 = R_1/R_2$。

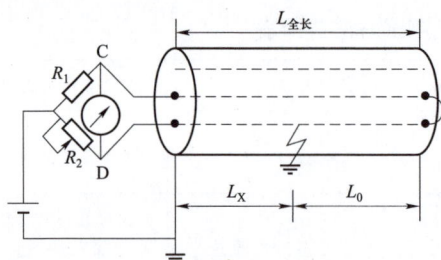

图 1–20 直流电桥接线　　　　图 1–21 直流电桥等效电路

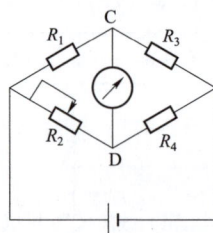

R_1、R_2为已知电阻，设：$R_1/R_2=K$，则 $R_3/R_4=K$。

由于电缆直流电阻与长度成正比，设电缆导体电阻率为 R_0，$L_{全长}$代表电缆全长，L_X、L_0 分别为电缆故障点到测量端及末端的距离，则 R_3 可用（$L_{全长}+L_0$）R_0代替，R_4 可用 L_XR_0代替，根据公式 $R_3/R_4=R_1/R_2$ 可推出：

$$L_{全长}+L_0=KL_X$$

而　　　　　　　　　　　$$L_0=L_{全长}-L_X$$

所以　　　　　　　　　　$$L_X=2L_{全长}/(K+1)$$

直流电桥法应用中的一个主要问题是，测量精度受测量导引线及接触电阻影响，导引线及接触电阻一般在 $0.01\sim0.1\Omega$ 之间，而高压电缆线芯或护层电阻也基本是在 $0.01\sim0.1\Omega$ 之间，因此如果没有进一步的改进方法，导引线电阻及接触电阻对距结果会造成很大的影响。

（2）压降比较法。直流压降比较法原理接线如图 1–22 所示，用导线在电缆远端将电缆故障相与电缆一完好相连接在一起，将开关 S 打在"Ⅰ"的位置，调节直流电源 E，使微安表有一定的指示值，测出电缆完好相与故障相之间电压 U_1；而后再将电键开关 S 打在"Ⅱ"的位置，再调节直流电源 E，使微安表的指示值和刚才的值相同，测得电缆完好相与故障相之间电压 U_2，由此得到故障点距离：

$$L_X=2LU_1/(U_1+U_2)$$

其中 L 为线路全长，同直流电桥法一样，压降比较法的测量精度受测量导引线电阻及接触电阻影响大。

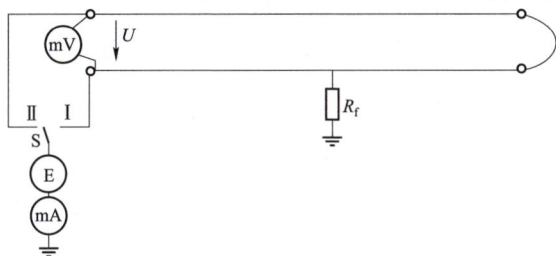

图 1－22 压降比较法等效电路

（3）直流电阻法。直流电阻法是技术人员针对直流电桥法及压降比较法存在的问题，摸索出的一种克服导引线及接触电阻影响的方法，该方法是电缆故障精确测距的新方法。

如图 1－23 所示，用导线在电缆远端将电缆故障线芯与良好线芯连接在一起。用直流电源 E 在故障相与大地之间注入电流 I，测得故障线芯与非故障线芯之间的直流电压为 U_1。从故障点开始，到电缆远端，再到完好电缆测量端部分的电路无电流流过，处于等电位状态，电压 U_1，也就是故障线芯从电源端到故障点之间的电压降，因此，可以得到测量点与故障点之间的电阻：

$$R_1 = U_1 / I$$

假定电缆线芯每公里长度的电阻值为 R_0，求出故障距离：

$$L_X = R_1 + R_0$$

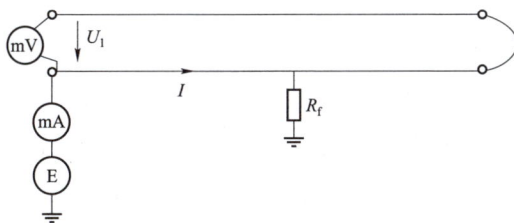

图 1－23 直接电阻法等效电路

该方法实质上是借助非故障线芯来测量电缆端头到故障点的电阻，主要优点是不受对端短接导引线及其接触电阻的影响。

直流电阻法在应用中要注意以下问题：

（1）注入电流大小的选择。从提高测量灵敏度，克服干扰电压影响的角度出发，直流电源所提供的电流应该尽可能大一些，由于直流电源提供的电流又受到电源元器件功率、体积、造价等因素的限制，因而考虑到直流电压表的测量分辨率在 1/10mV 以上，为达到 10m 的测距分辨率，注入电流一般应在 20mA 以上，电缆线芯的直径越大，注入的电流就应越大。实际应用中，建议使用电压 5000V、额定电流 100mA 的直流电源。

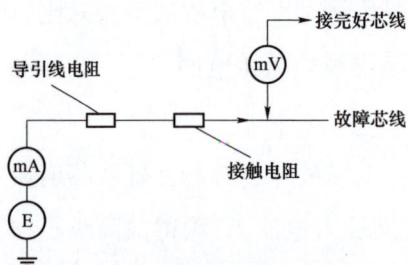

图 1-24　测量端等效接线图

（2）避免测量端导引线接触电阻。影响直流电阻法的关键是要准确测量出电缆故障线芯端头到故障点之间的电压，为了保证测量准确，毫伏表的测试导引线一定要避开直流电源接线点，直接接在故障线芯上。图 1-24 给出了测量端等效接线图，如果将电压表接在直流电源导引线与故障线芯接触点前，测量到的电压将包括接触电阻上的电压降，其结果就不准确了。

（3）多点接地。如果故障电缆有多个接地点，以上介绍的测量原理将不再适用；并且如果有地电位的存在，电路中会引入地电位差的影响，测量结果将不再准确。不过如果出现多点接地，而其中一点的接地电阻明显小于其他点时，可以忽略其他点接地电阻及地电位差干扰的影响，测量结果近似为接地电阻最小的故障点位置。在测试时应逐渐增加电压，以减少高电阻故障点的击穿机会。

（4）测量单位长度电阻。如果不知道确切的电缆单位长度的电阻，可以通过现场测量的方法获得。具体做法与前面测量故障点距离的直流电阻法类似，不过要选另一个完好的电缆线芯代替故障电缆线芯，将被测电缆的远端直接接地（避开远端短接线接线点），如图 1-25 所示，这时测量到的电阻是电缆线芯全长电阻，除以电缆全长即可得到电缆线芯单位长度的电阻值。

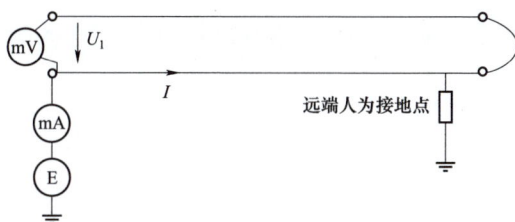

图 1－25　单位长度电阻测量接线图

2. 低压脉冲法

又称雷达法，是在电缆一端通过仪器向电缆中输入低压脉冲信号，当遇到波阻抗不匹配的故障点时，该脉冲信号就会产生反射，并返回到测量仪器。通过检测反射信号和发射信号的时间差，就可以测试出故障距离。该方法具有操作简单、测试精度高等优点，主要用于对断线、低阻故障（绝缘电阻在几百欧以下）进行测试，但不能测试高电阻故障和闪络性故障，而高压电缆中高阻故障较多。

具体包括：在测试时，从测试端向电缆中输入一个低压脉冲信号，该脉冲信号沿着电缆传播当遇到电缆中的阻抗不匹配点时，如：开路点、短路点、低阻故障点和接头点等，会产生折反射，反射波传播回测试端，被仪器记录下来。

假设从仪器发射出发射脉冲到仪器接收到反射脉冲的时间差为 t，也就是脉冲号从测试端到阻抗不匹配点往返一次的时间为 Δt，同时如果已知脉冲电磁波在电缆中传播的速度是 v，那么根据公式 $L = v \cdot \Delta t / 2$ 即可计算出阻抗不匹配点距测量端的距离 L 的数值。

3. 脉冲电压法

该方法是通过高压信号发生器向故障电缆中施加直流高压信号，使故障点击穿放电，故障点击穿放电后就会产生一个电压行波信号，该信号在测量端和故障点之间往返传播，在直流高压发生器的高压端，通过设备接收并测量出该电压行波信号往返一次的时间和脉冲信号的传播速度相乘而计算出故障距离的一种方法。此方法对高低阻故障均能进行检测，但用这种方法测试时，测距仪器与高压部分有直接的电气连接可能会有安全隐患。与低压脉冲法不同的是这里的脉冲信号是故障点放电产生的，而不是测试仪发射的。如图1-26所示，把故障点放电脉冲波形的起始点定为零点（实光标），那么它故障点反射脉冲波形的起始点（虚光标）的距离就是故障距离。

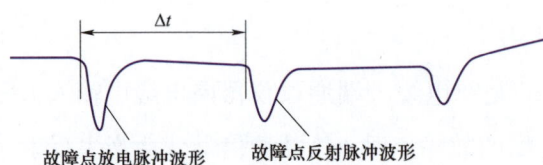

图1-26　故障点反射脉冲信号

依照高压发生器对故障电缆施加高电压的方式不同，脉冲电流法又分直流高压闪络测试法和冲击高压闪络测试法两种。

（1）直流高压闪络测试法。直流高压闪络测试法（简称直闪法）用于测量闪络性击穿故障即故障点电阻极高，在用高压试验设备把电压升到一定值时就产生闪络击穿的故障。在预防性试验中发现的电缆故障多属于该类故障。

直闪法接线如图1-27所示，T_1为调压器、T_2为高压试验变压器，容量在0.5~1.0kV·A之间，输出电压在30~60kV之间；C为储能电容器；L为线性电流合器线性电流耦合器L的输出经屏蔽电缆接测距仪器的输入端子。注意：一般线性电流耦合器L的正面标有放置方向，应将电流耦合器按标示的方向放置，否则，输出的波形极性会不正确。

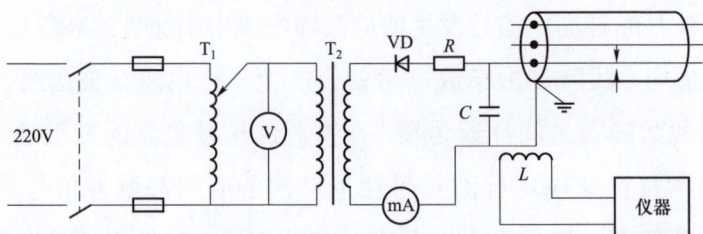

图1-27　直闪法接线图

直闪法获得的波形简单容易理解。而一些闪络性故障在几次闪络放电之后，往往造成故障点电阻下降以致不能再用直闪法测试，在实际工作中应珍惜能够进行直闪法测试而捕捉信号的机会。如果故障点电阻下降变成高阻故障后再用直闪法测量，所加的直流高压就会大部分加到高压发生器的内阻上从而会引起高压发生器故障。为保险起见，这类故障在实际测量时一般用冲击高压闪络测试法测试。

（2）冲击高压闪络测试法。冲击高压闪络测试法简称冲闪法，它适用于低阻的、高阻的或闪络性的单相接地多相接地或相间绝缘不良的故障。它可以测试现实中碰到的绝大部分故障。

冲闪法接线如图1-28所示，它与直闪法接线基本相同，不同的是在储能电容 C 与电缆之间串入一球形间隙 G。首先，通过调节调压升压器对电容 C 充电，当电容 C 上电压足够高时，球形间隙 G 击穿，电容 C 对电缆放电，这一过程相当于把直流电源电压突然加到电缆上去。如果电压足够高，那么故障点就会被击穿放电，其放电产生的高压脉冲电流行波信号就会在故障点和测试端往返循环传播，直到弧光熄灭或信号被衰减掉；其高压电流行波信号往返传播一次，电流耦合器就耦合一次，这样通过测量故障点放电产生的电流行波信号在测试端和故障点往返一次的时间 Δt，就能计算出故障点距离。但用冲闪法测试时需要了解和注意以下几个问题：

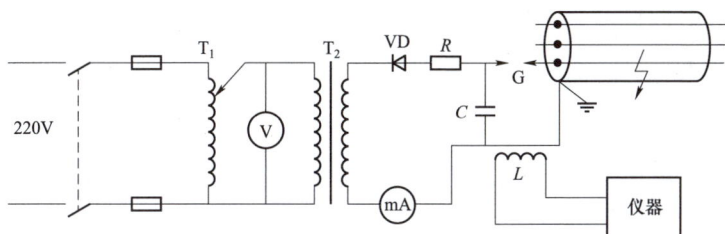

图1-28　冲闪法接线图

1）绝缘击穿不仅与电压高低有关还和电压作用时间关系密切，在测试时，电压加到故障点处可能要持续作用一段时间后才会发生击穿，这个时间称为放电延时。受电缆上得到的冲击高压大小和故障点处电容、电感等电气参数的影响，放电延时有长有短。在用仪器测试时，可根据具体情况进行设置。

冲击高压脉冲信号越过故障点，还没到达电缆对端，故障点就击穿的称为直接击穿；从对端返回后故障点才击穿的称为远端反射电压击穿。直流电压行波在开路末端反射后，电压会加倍，有利于击穿故障点。

2）如何使故障点充分放电。依据上面所述，使故障点充分放电的措施有两条：一是提高电压；二是通过增大电容的办法来延长电压的作用时间。

由高压设备供给电缆的能量可由下式代算：$W = CV^2/2$。即高压设备供给电缆的能量与贮能电容量 C 成正比，与所加电压的平方成正比。要想使故障点充分放电，必须有足以使故障点放电的能量。

3）故障点击穿与否的判断。冲闪法的一个关键是判断故障点是否击穿放电。有些经验不足的测试人员往往认为，只要球间隙放电了，故障点就击穿了，这种想法是不正确的。

球间隙击穿与否与间隙距离及所加电压幅值有关。间隙距离越大，击穿所需电乐越高，通过球间隙加到电缆上的电压也就越高。而电缆故障点能否击穿取决于施加到故障点上的电压是否超过临界击穿电压，如果球间隙较小，其间隙击穿电压小于故障点击穿电压，显然，故障点就不会被击穿。

可以根据仪器记录到的波形判断故障点是否击穿；除此之外，还可通过以下现象来判断故障点是否击穿。

① 电缆故障点没击穿时，一般球间隙放电声嘶哑，不清脆，甚至于有连续的放申声，而且火花较弱；而故障点击穿时，球间隙放电声清脆响亮，火花较大。

② 电缆故障点未击穿时，电流、电压表摆动较小，而故障点击穿时，电流、电压表指针摆动范围较大。

4）典型的脉冲电流冲闪波形在实际测试中，脉冲电流的冲闪波形是比较复杂的，不同的电缆、不同的故障，得到的冲闪波形是不同的，正确识别和分析测试所得的波形在故障测距中处于比较重要的地位。

4. 脉冲电流法

这种方法和脉冲电压法一样，也是通过向故障电缆中施加直流高压信号，使故障点击穿放电，然后通过仪器接收并测量出故障点放电产生的脉冲电流行波信号在故障点和测量端往返一次的时间，来计算出故障距离的一种方法。不同的是，该方法是在直流高压发生器的接地线上套上一只电流耦合器，来采集线路中因故障点放电而产生的电流行波信号，这种信号更容易被理解和判读，同时电流耦合器与高压部分无直接的电气连接，因此安全性更高。

5. 二次脉冲法

这是近几年来出现的比较先进的一种测试方法。是基于低压脉冲波形容易分析、测试精度高的情况下开发出的一种新的测距方法。

其基本原理是：通过高压发生器给存在高阻或闪络性故障的电缆施加高压脉冲使故障点出现弧光放电。由于弧光电阻很小，在燃弧期间原本高阻或闪络性的故障就变成了低阻短路故障。此时，通过耦合装置向故障电缆中注入一个低压脉冲信号记录下此时的低压脉冲反射波形（称为带电弧波形），则可明显地观察到故障点的低阻反射脉冲；在故障电弧熄灭后，再向故障电缆中注入一个低压脉冲信号，记录下此时的低压脉冲反射波形（称为无电弧波形），此时因故障电阻恢复为高阻，低压脉冲信号在故障点没有反射或反射很小。把带电弧波形和无电弧波形进行比较，两个波形在相应的故障点位置上将明显不同，波形的明显分歧点离测试端的距离就是故障距离。

使用这种方法测试电缆故障距离需要满足如下条件：① 故障点处能在高电压的作用下发生弧光放电；② 测距仪器能在弧光放电的时间内发出并能接收到低压脉冲反射信号。在实际工作中，一般是通过在放电的瞬间投入一个低电压大电容量的电容器来延长故障点的弧光放电时间，或者精确检测到起弧时刻，再注入低压脉冲信号来保证能得到故障点弧光放电时的低压脉冲反射波形。

这种方法主要用来测试高阻及闪络性故障的故障距离，这类故障一般能产生弧光放电，而低阻故障本身就可以用低压脉冲法测试，不需再考虑用二次脉冲法测试。

用这种方法测得的波形比脉冲电流或脉冲电压法得到的波形更容易分析和理解能实现自动计算，且测试精度较高。

依据脉冲计数方法的不同，也可被称为三次脉冲法或多次脉冲法。

三、故障定点方法

在对电力电缆故障进行测距之后，下一步要根据电缆的路径走向，找出故障点的大体方位，然后再进行精确定点。但由于有些电缆是直埋的或埋设在电缆沟里的，在图样资料不齐全的情况下，很难明确判断出电缆路径，从而给精确定点工作带来了很大的困难，所以故障测距后还需要测量出电缆的埋设路径。同时，由于很难精确知道电缆线路敷设时预留的长度等因素，使得根据路径和距离找到的故障点的方位离实际故障点的位置可能还有一定的偏差，为了精确地找到故障点的位置，还需要进行下一步工作——故障定点。对于不同性质的故障，故障定点的方法不同，它大概分以下几种方法：

1. 声测法

该方法是在对故障电缆施加高压脉冲使故障点放电时，通过听故障点放电的声音来找出故障点的方法该方法比较容易理解，但由于外界环境一般很嘈杂，干扰比较大，有时很难分辨出真正的故障点放电的声音。

传统的电缆故障定点仪一般都是用耳机监听或观察机械式指针的摆动来判断是否有故障点放电产生的声音信号的，检测手段相对落后，对信号里包含的信息利用不充分，由于声音信号一瞬即逝，时间短暂，测试人员往往不能做出有把握的判断。随着微电子技术的发展，使用微处理机可以方便地记录、储存故障点放电产生的声音波形信号，使测试人员有充足的时间从信号的强度、频率、衰减、持续时间等多方面分析判断，排除外部噪声的影响，正确地识别出故障点放电产生的声音信号。一般来说，电缆故障点放电产生的声音信号波形是一个衰减的振荡信号，频率在 $200\sim400\mathrm{Hz}$ 之间，信号持续几个毫秒的时间。

声测法的优点为这种方法容易理解，便于掌握，可信性较高。缺点包括：① 受外界环境的影响较大。实际测试中，外界环境噪声的干扰很大，使人很难辨认出真正的故障点放电声音，有时为了排除外界噪声干扰，需要夜深人静时才能测试。② 受人的经验和测试心态的影响较大。因为需要用人的耳朵去听放电声音，测试人员的经验和测试人员分辨声音的灵敏度成为能否找到故障点的关键。实际测试时，操作人员远离高压放电设备，往往因长时间听不到故障点的放电声音而心情浮燥，会怀疑高压设备已停止工作或怀疑自己已经偏移了电缆路径而使故障定点工作不能继续进行。

2. 声磁同步法

这种方法也需对故障电缆施加高压脉冲使故障点放电。当向故障电缆中施加高压脉冲信号时，在电缆的周围就会产生一个脉冲磁场信号，同时因故障点的放电又会产生一个放电的声音信号，由于脉冲磁场信号传播的速度比较快，声音信号传播的速度比较慢，它们传到地面时就会有一个时间差，用仪器的探头在地面上同时接收故障点放电产生的声音和磁场信号，测量出这个时间差，并通过在地面上移动探头的位置找到这个时间差最小的地方，其探头所在位置的正下方就是故障点的位置。用这种方法定点的最大优点是：在故障点放电时，仪器有一个明确直观的指示从而易于排除环境干扰；同时这种方法定点的精度较高（$<0.1\mathrm{m}$），信号易于理解、辨别。

利用现代技术，可以同时把声音信号波形和磁场信号波形在同一屏幕上显示出来，图 1-29 所示的就是声磁同步法查找故障点的屏幕显示。屏幕上半部分显示磁场波形，下半部分显示声音波形；通过磁场波形的正负查找电缆的路径，使测试人员定点时不至于偏离电缆；由于在接收到脉冲磁场后和接收到放电声音前的这段声磁时间差内，外界是相对安静的，这段时间内的声音波形近似为直线，直线的长度就代表时间差的长短。如图 1-33 所示，放电声音波形前面的（虚光标左边的）直线部分代表的就是声磁时间差，通过比较这段直线的长短就可以查找到故障点；这段直线最短时，探头所在位置的正下方就是故障点。

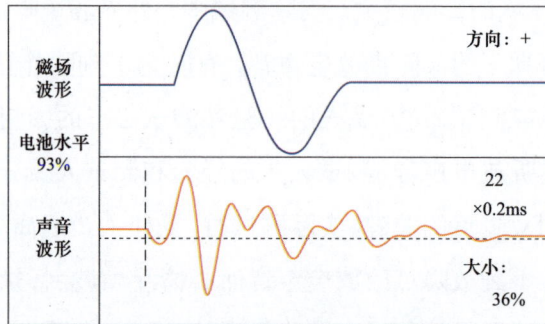

图 1-29　故障波形示意图

需要注意的是：由于周围填埋物不同以及埋设的松软程度不同等原因，很难确切知道声音在电缆周围介质中的传播速度，所以不太容易根据磁、声信号的时间差，准确地知道故障点与探头之间的距离。

用声磁同步法进行故障定点的必要条件是：测试探头必须接收到脉冲磁场信号和故障点放电的声音信号。

由于用声磁同步法进行故障定位时，是通过先接收到的脉冲磁场信号触发仪器后开始接收记录地下传来的声音信号的。所以对故障电缆进行施加脉冲电压使故障点放电时，故障电缆能否发出较强烈的、能被仪器接收到的脉冲磁场信号，是能否继续进行故障定点的前提。那么连接高压信号发生器对故障电缆施加冲击电压时，在接线方式上一定想办法使金属护层参与到放电的两者之间，护层两端的接地线要接好，这样在电缆的周围，就能收到比较强的脉冲磁场信号。

（1）单相或多相接地故障。这种故障占 6kV 及以上等级电缆主绝缘故障的95%以上。接地故障的冲击高压是加在故障相与电缆的金属护层之间的，故障间隙放电产生的振动，通过护层传到了地面上，容易被接收下来；多相接地时，虽然相间也有故障也要把冲击高压加在故障相与金属护层之间，不应加在两相之间。

（2）相间故障。6kV及以上等级的电缆几乎不存在这种故障，低压电缆中这种故障相对多一些，但大部分是发生在芯线和零线之间。相间故障时，冲击高压加到两故障相之间，故障间隙放电产生的振动被电缆外绝缘层和金属护层屏蔽，地面受到的地震波较弱；有金属护层的低压电缆，运行时金属护层两端一般不接地，也不裸露出来，故障测试时要把金属护层露出来，并同位于低电位的那一相（一般为零相）连接后再和工作地连接到一起，以保证电缆能产生较强烈的脉冲磁场信号。

（3）开路故障。开路而不接地的故障极少发生。对这类故障测试时，要在对端把故障相和电缆金属护层连接并接到工作地上，使冲击高压加在故障相与电缆金属护层之间，把故障当成闪络性故障测试。因为电缆绝缘和护层阻隔了开路处间隙放电的机械振动，地面上接收到的地震波较弱。如果电缆开路的同时又发生了接地现象，可参照（1）来处理。

3. 音频信号法

此方法主要是用来探测电缆的路径走向。在电缆两相间或者相和金属护层之间（在对端短路的情况下）加入一个音频电流信号，用音频信号接收器接收这个音频电流产生的音频磁场信号，就能找出电缆的敷设路径；在电缆中间有金属性短路故障时，对端就不需短路，在发生金属性短路的两者之间加入音频电流信号后，音频信号接收器在故障点正上方接收到的信号会突然增强，过了故障点后音频信号会明显减弱或者消失，用这种方法可以找到故障点。

这种方法主要用于查找金属性短路故障或距离比较近的开路故障的故障点（线路中的分布电容和故障点处电容的存在可以使这种较高频率的音频信号得到传输）。对于故障电阻大于几十欧姆以上的短路故障或距离比较远的开路故障，这种方法不再适用。

（1）对于电缆相间短路（两相或三相短路）故障，用音频感应法探测相间短路（两相或三相短路）故障的故障点位置时，向两短路线芯之间通以音频电流信号在地面上将接收线圈垂直或平行放置接收信号，并将其送入接收机进行放大。对于向短路的两相之间加入音频电流时，地面上的磁场主要是两个通电导体的电流产生的，并且随着电缆的扭距而变化；因此，

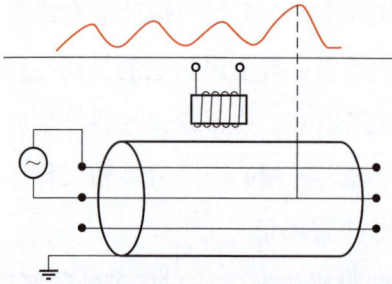

图 1-30 音频感应法探寻相间接地故障原理

在故障点前，探头沿着电缆的路径移动时，会听到声响有规则的变化，当探头位于故障点上方时，一般会听到声响突然增强，再从故障点继续向后移动时，音频信号即明显变弱甚至是中断，如图 1-30 所示。

因此，声响明显增强的点即是故障点。

相间短路及相间短路并接地故障的故障点位置，用音频感应法测寻比较灵敏。除低压电缆外，纯相间短路故障很少，一般的都伴随着接地故障同时出现。无金属护层的低压电缆发生金属性短路故障时，一般也会是开放性的对大地泄漏的故障；对有金属护层的电缆发生金属性短路时，如果在相间加入音频信号，收到的音频磁场的强度可能很小，测试时一定要细心。

（2）对于单相接地故障按图 1-31 所示接线，测寻单相接地故障点位置时，将音频信号发生器接在故障相导体与金属护层之间，对端的接地线一定要拆开向短路的线芯和金属护层之间加入音频电流时，地面上的磁场主要是电流 I' 产生的，I' 是电缆护层对大地的泄漏电流、故障点处带电线芯与大地的回路电流和护层通过接地点与大地之间的回路电流共同组成的；因此，当探头在故障点前沿着电缆的路径移动时，在故障点之前会听到有规律的、强度相等的音频声音，当探头位于故障点上方时，声音会突然增强数倍，再从故障点继续向前移动时，音频声音又会明显变弱，如

图 1–31 所示。

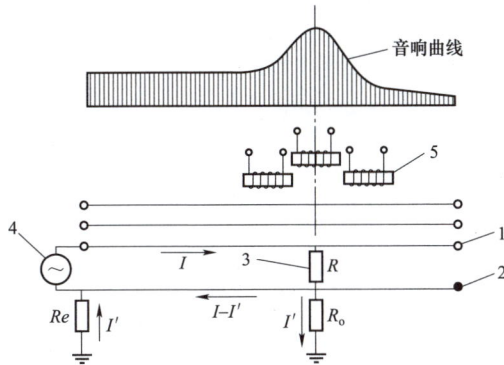

图 1–31 音频感应法测寻单相接地故障原理
1—电缆线芯；2—护层（铠装）；3—故障点；4—音频信号发生器；5—探头

因此，音频声音信号明显增强的点即是故障点。之所以过故障点后音频信号还会存在，而不是消失，主要是因为有金属护层对大地的泄漏电流和线路中分布电容的存在。实际上，由于干扰，使用音频感应法测量接地故障是比较困难的，往往会找不到故障点，这点应注意。

4. 跨步电压法

通过向故障相和大地之间加入一个直流高压脉冲信号，在故障点附近用电压表检测放电时两点间跨步电压突变的大小和方向，来找到故障点的方法。

这种方法的优点是可以指示故障点的方向，对测试人员的指导性较强；但此方法只能查找直埋电缆外皮破损的开放性故障，不适用于查找封闭性的故障或非直埋电缆的故障；同时，对于直埋电缆的开放性故障，如果在非故障点的地方有金属护层外的绝缘护层被破坏，使金属护层对大地之间形成多点放电通道时，用跨步电压法可能会找到很多跨步电压突变的点，这种情况在 10kV 及以下等级的电缆中比较常见。

注意事项：

1）跨步电压法只能测试直埋电缆的开放性接地故障，不能用于探测非开放性的和其他敷设方式的电缆故障。

2）加电压时是在故障相和大地之间加脉冲电压，护层两端的接地线一定要解开。

3）加电压时金属护层是瞬间带高压的，护层表面其他被破坏的地方也可能会在地表上产生跨步电压分布，所以用跨步电压法进行故障定点时，一定要参照测得的故障距离，否则找到的地方将可能不是真正的故障点。

4）根据跨步电压原理，生产出了许多形式的仪表，其中以能显示故障点方向的为最佳。但不管何种表现形式，测试时插到地表上的电压表的探针前后位置不能有变化，测试时一定要注意这一点。

四、国内外电力电缆故障测试设备简述

1. 便携式综合测试仪

目前这种设备的组成形式大概有两种：

（1）采用低压脉冲法、脉冲电流法及二次脉冲法三种方法测试故障距离，采用声磁同步法探测故障点位置的仪器。定点时显示磁场波形和声音波形，同时也有路径查找和电缆识别的功能。这种设备测试精度较高。

（2）采用低压脉冲法和脉冲电压法两种方法测试故障点的距离，采用声测法探测故障点位置的仪器。定点时主要是通过用耳机监听故障的放电声音来判断故障点的位置，测试精度相对要差一些。

便携式综合测试仪的优点是：价格便宜，便于携带，同时测试精度也比较高。缺点是：高压发生器和电容的容量比较小，不易于击穿一些特殊的、需要长时间高电压作用的故障，同时放电声音比较小，不利于故障定点。

2. 低档的测试设备

用电桥法测距或者根本不测距，直接用声测法或跨步电压法对故障电缆进行故障定点，这种设备主要用来测试直埋电缆的开放性故障，演示的时候显得效果比较好且价格便宜，但由于该设备的故障测试技术有一定的

局限性，它只能解决一部分故障测试。

3. 电缆测试车

这是一个综合性比较强的组合设备，它采用低压脉冲法、脉冲电流法及二次脉冲法或多次脉冲法等几种方法测试故障距离，采用声磁同步法和跨步电压法探测故障点的位置，并配以路径仪和电缆识别仪，另加发电机，有的还带有 0.1Hz 超低频交流耐压等设备。由于车上配备的高压发生器和电容的容量比较大，更易于电缆故障点的击穿，同时放电的声音也较大，有利于故障定点；缺点是价格比较昂贵，并且测试车易受到道路环境的限制，操作较为复杂。

第二章

电缆试验标准化作业流程

第一节 电缆交流耐压试验

一、安全措施布置

（1）试验现场应装置围栏，并悬挂"高压危险"标识牌，并有专人监护；试验人员必须戴好安全帽。

（2）试验前为防止电缆剩余电荷或感应电荷伤人或损坏试验仪器，应将被试电缆充分放电。

（3）所有的试验仪器均应可靠接地。

（4）试验现场应具备 380V 三相电源。

（5）确认加压设备周围人员已离开，并保持足够的安全距离。

（6）试验前应在不带试品的情况下，将试验装置进行空升，检查调压装置的升降压是否平稳，各按钮的操作是否可靠，同时进行电压整定。

（7）对侧应派人看守，并保持通信畅通，加压前，试验负责人应在得到每一端看守人员"可以加压"的复诵后方可下令加压。

（8）加压过程中，全体试验人员应精力集中，随时警戒异常情况发生。一旦出现放电和击穿现象，应降压到零，切断试验电源。异常情况分析清楚后方可重新进行试验。

（9）确认试验电源切断并在试验变压器高压侧短路接地后，方可改变试验接线或结束试验。

（10）试验结束后，应先将被试电缆放电、接地，再更换接线、拆线，恢复设备原状。

二、作业准备

（一）人员配备

表 2-1　　　　　　　　　　试验人员配置表

工作任务	人员（人）
工作总负责人	1
试验负责人	1
工器具准备	1
现场安措布置	2
设备接线	3
设备操作	1
对侧监护	1

（二）主要工器具及仪器仪表配置

表 2-2　　　　　　试验主要工器具及仪器仪表配置表

序号	名称	单位	数量	备注
1	兆欧表	个	1	应具备 5000、2500V 两个测量档位
2	交流耐压试验系统	套	1	可根据实际情况选择串联谐振式或工频交流耐压试验系统
3	温湿度计	块	1	
4	计时器	块	1	通过相关校验
5	对讲机	只	2	可根据电缆长度选择

三、作业过程

（一）作业项目

表 2-3　　　　　　　　　　　　试验作业项目表

序号	作业项目内容	方式和方法	注意事项	标准要求
1	试验设备进场、吊装就位	选用合适等级的吊车进行吊装	1）严禁在起吊的重物和起重机吊臂下行走或停留； 2）起吊绳强度足够并有裕度。高空作业时必须系好安全带； 3）正确戴好安全帽	试验设备应尽可能靠近被试电力电缆
2	试验接线	按照试验方案的要求进行	1）被试电力电缆若装有护层过电压保护器时，须将护层过电压保护器短接接地； 2）对电缆主绝缘测量绝缘电阻或做耐压试验时，应分别在每一相上进行，其他两相导体、电缆两端的金属屏蔽或金属护套和铠装层接地	高压引线应尽可能短，绝缘距离足够，试验接线准确无误且连接可靠
3	试验设备空升检查	断开与被试电力电缆联结的高压引线，将试验设备升压到试验所需电压	试验设备控制和保护回路工作正常，在试验电压下绝缘正常	
4	加压前主绝缘电阻测量	1）测量后应对被试相进行充分放电； 2）测量并记录环境温度和湿度	采用2500V或5000V电压等级兆欧表测量，满足相应标准要求	
5	电抗器调整	试验电压频率（30～300）Hz范围，推荐使用（30～70）Hz谐振耐压试验频率	在试验电压下的工作电流不超出试验设备和电源的容量限制	
6	加压	在试验变压器容量允许情况下，可以采用工频高压试验变压器进行试验，对大容量电力电缆可采用串联谐振方法	1）加压过程应有专人监护，全体试验人员应精力集中，随时准备异常情况发生； 2）一旦出现放电和击穿现象，应听从试验负责人的指挥，将电压降至零，切除试验电源，情况分析清楚后方可重新进行试验	试验电压根据省公司《电力电缆交接和预防性试验补充规定》选取
7	加压后绝缘电阻测量	测量后应对被试相进行充分放电	1）采用绝缘电阻值在加压前后应无明显变化； 2）应用2500V或5000V电压等级兆欧表测量	
8	试验拆线	拆除所有试验接线，恢复设备状态		

（二）设备接线

（1）接地线的连接。

1）接地铜箔的连接。

把变频柜、励磁变、电抗器、分压器底座、绝缘支撑底座、车辆、集装箱体等用铜带连接并接到被试电缆的接地上。

2）励磁变附加接地线。励磁变的外壳用附加接地电缆连接到被试电缆接地点。

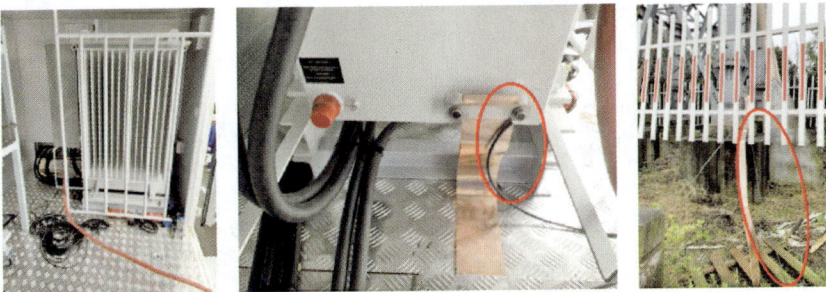

（2）励磁变与电抗器的连接。

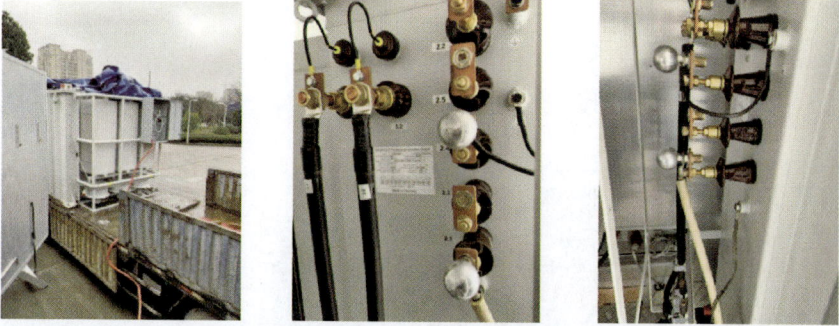

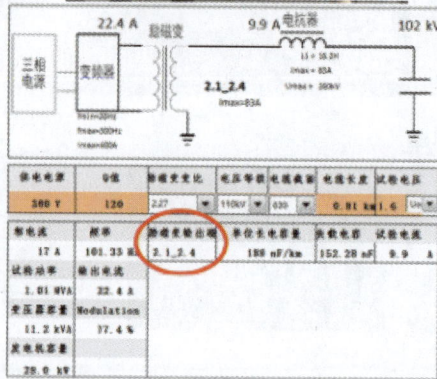

（3）电抗器–隔离阻抗–分压器–被试电缆的高压连接。

（4）电压测量电缆的连接。用测量电缆连接分压器与变频柜。

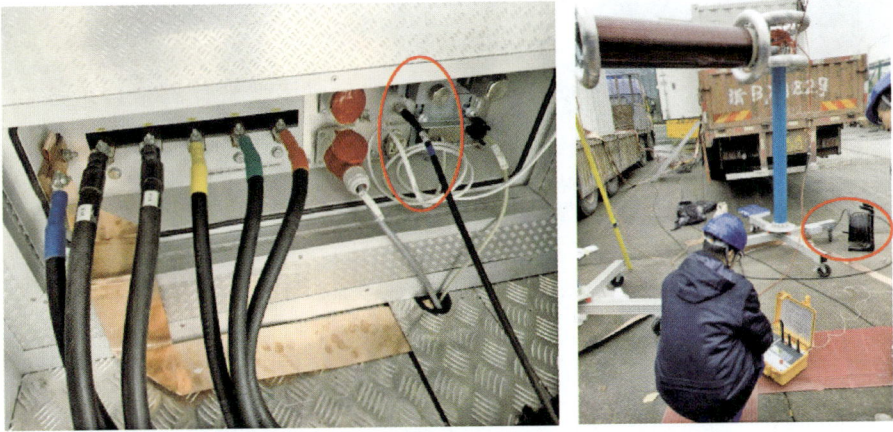

（5）电抗器风扇电源、测温电缆的连接。

（6）供电电源的连接。发电车与集装箱的连接：380V 电源线四根：A、B、C、N。

发电车

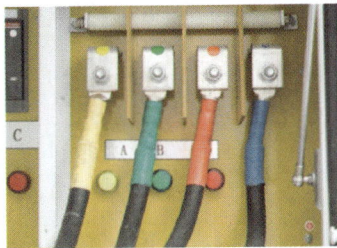
集装箱

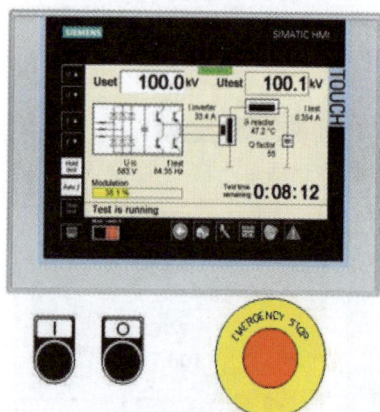

（7）试验装置操作步骤。

1）连接好所有接线，接地系统使用铜带。

2）选择励磁变变比并接好连线。

3）检查三相电源（电源是否为三相？电压是否正常？）。

4）接通全部变频器单元的熔丝断路器。

5）接通控制电路并等待，直到操作面板达到操作待命（ready）状态（试验界面出现）。

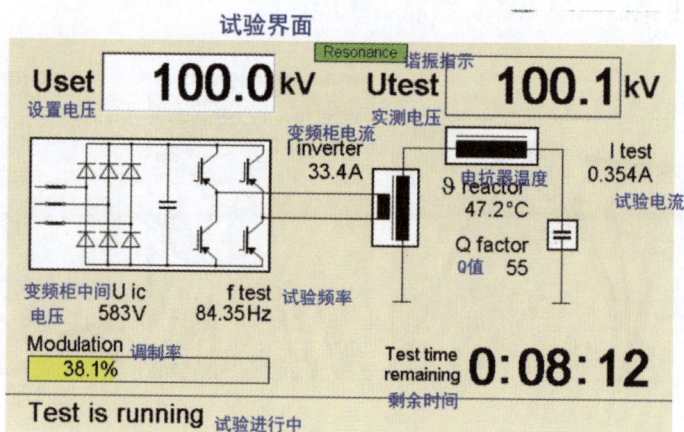

（8）试验报告。

测试电缆基本信息见表2-4。

表2-4　　　　　测 试 电 缆 基 本 信 息

线路名称		试验日期		试验地点	
电缆规格	电缆型号		电缆截面（mm²）		
	电压等级（kV）		电缆长度（m）		

表2-5　　　　　　　　试验结果汇总

相序	试验电压 （kV）	占空比 （%）	谐振频率 （Hz）	励磁电压 （U）	励磁电流 （A）	试验时间 （min）
黄相						
绿相						
红相						

试验设备型号：

（9）具体步骤。

1. 工具储运与检测

（1）校验交流耐压试验设备性能是否正常，保证设备电量充足或者现场交流电源满足仪器使用要求。

（2）领用绝缘工器具和辅助器具，应核对工器具的使用电压等级和试验周期，并检查外观完好无损。

（3）检测作业前清点并检查检测设备、仪表、工器具、安全用具等是否齐全，且在有效期内，并摆放整齐。

（4）工器具在运输过程中，应存放在专用工具袋、工具箱或工具车内，以防受潮和损伤。

2. 现场操作前的准备

（1）工作负责人核对电缆线路名称。

（2）工作负责人在测点操作区装设安全围栏，悬挂安全警示牌，检测前封闭安全围栏。

（3）工作负责人召集工作人员交代工作任务，对工作班成员进行危险点告知，交代安全措施和技术措施，确认每一个工作班成员都已知晓，检查工作班成员精神状态是否良好，人员是否合适。

（4）做好停电、验电、放电和接地工作。

（5）拆开、清扫电缆两端连接线。

3. 操作步骤

（1）拆除被试电缆两侧引线，测试电缆绝缘电阻。

（2）检查并核实电缆两侧是否满足试验条件。

（3）按照试验接线图正确连接设备，将试验设备外壳接地。变频电源输出与励磁变压器输入端相连，励磁变压器高压侧尾端接地，高压输出与电抗器尾端连接，如电抗器两节串联使用，注意上下节首尾连接，电抗器高压端采用大截面软引线与分压器和电缆被试芯线相连，非试验相、电缆屏蔽层及铠装层或外护套接地。

（4）为减小电晕损失，提高试验回路 Q 值，高压引线宜采用大直径金属软管。

（5）检查接线无误后开始试验。

（6）首先合上电源开关，再合上变频电源控制开关和工作电源开关，整定过电压保护动作值为试验电压值的 1.1～1.2 倍，检查变频电源各仪表挡位和指示是否正常。

（7）合上变频电源主回路开关，旋转电压旋扭，调节电压至试验电压的 3%～5%，然后调节频率旋扭，观察励磁电压和试验电压。

（8）当励磁电压最小，输出的试验电压最高时，则回路发生谐振，此时应根据励磁电压和输出的试验电压的比值计算出系统谐振时的 Q 值，根据 Q 值估算出励磁电压能否满足耐压试验值。

（9）若励磁电压不能满足试验要求，应停电后改变励磁变高压绕组接线，提高励磁电压。

（10）若励磁电压满足试验要求，按升压速度要求升压至耐压值，记录电压和时间。

（11）升压过程中注意观察电压表和电流表及其他异常现象，到达试验时间后，依次切断变频电源主回路开关、工作电源开关、控制电源开关和电源开关，对电缆进行充分放电并接地后，拆改接线。

（12）重复上述操作步骤进行其他相试验。

4. 工作终结

（1）召开现场收工会，作业人员向工作负责人汇报测试结果，工作负责人对完成的工作进行全面检查并进行工作点评和总结。

（2）清点工具，清理工作现场，检查被试设备上无遗留工器具和试验用导地线，回收设备材料，拆除安全围栏，人员撤离。

第二节 主绝缘电阻测量

一、安全措施布置

（1）试验现场应装置围栏，并悬挂"高压危险"标识牌，试验人员必须戴好安全帽。

（2）做外护套绝缘电阻测定前，认真检查各连接部位是否牢固，不能出现连接部分松动的现象，以防在试验过程中，因漏电而造成人身触电。

（3）进行外护套绝缘电阻试验时应选择合适的量程。

（4）外护套绝缘电阻测量时，检查人员必须穿戴绝缘手套，并站在绝缘垫上操作，防止误碰有电设备。打开或关闭接地箱、连接或拆除接地线均需要戴绝缘手套。

（5）试验中有登高作业时，登高人员必须使用安全带方可进行登高作业，必须有人监护。

（6）绝缘试验应在良好天气且被试物及仪器周围温度不低于5℃，空气相对湿度不高于80%的条件下进行。

（7）应确保操作人员及测试仪器与电力设备的高压部分保持足够的安全距离。

（8）与带电线路、同回路线路带电裸露部分保持足够的安全距离，其中 110kV 1.5m，220kV 3m。

（9）分相试验结束后，拆接试验接线时，应对设备及被试品进行充分放电，防止触电伤人。

（10）涉及隧道、接头井内等有限空间检测时，应当严格遵守"先通风、再检测、后作业"的原则。

二、作业准备

（一）人员配备

表 2-6   试验人员配置表

工作任务	人员（人）
工作总负责人	1
试验负责人	1
工器具准备	1
现场安措布置	2
设备接线	2
设备操作	1
对侧监护	1

（二）主要工器具及仪器仪表配置

主要装备和工器具见表 2-7。

表 2-7   试验主要工器具仪器仪表配置表

序号	名称	型号、规格	数量	备注
1	验电器		2 副	相应电压等级，如 110kV
2	接地线		2 组	相应电压等级，如 110kV

续表

序号	名称	型号、规格	数量	备注
3	绝缘手套		2 副	相应电压等级，如 110kV
4	绝缘绳		2 条	
5	个人工具		1 套	包括安全帽、安全带、扳手、钳子、螺丝刀，型号根据实际工作情况配备
6	接地短路线		若干	
7	绝缘导线		若干	相应电压等级，如 110kV
8	放电棒		1 根	
9	安全围栏		若干	
10	绝缘带		2 卷	
11	通信工具		2 部	2500V 及以上
12	绝缘电阻表		1 只	误差±1℃
13	温湿度计		1 块	
14	万用表		1 只	
15	核相器		1 只	
16	干电池		1 个	
17	试验接线		若于	10kV
18	直流耐压试验仪		1 个	
19	绝缘垫		1 个	相应电压等级
20	变压器	结实耐用	1 套	
21	高压硅堆	标准	若干	
22	微安表	标准	1 组	
23	安全警示牌		1 组	
24	变频电源		1 套	相应电压等级
25	励磁变压器		2 台	相应电压等级
26	串联电抗器		1 个	相应电压等级
27	补偿电容器		1 套	相应电压等级

三、作业过程

（一）作业项目

见表 2-8。

表 2-8　　　　　　　　　试 验 作 业 项 目 表

序号	作业项目内容	方式和方法	注意事项	标准要求
1	试验设备进场	选用合适等级的场地进行布置	1）高空作业时必须系好安全带 2）正确戴好安全帽	试验设备应尽可能靠近被试电力电缆
2	试验接线	按照试验方案的要求进行	1）被试电力电缆若装有护层过电压保护器时，须将护层过电压保护器短接接地； 2）对电缆主绝缘测量绝缘电阻，应分别在每一相上进行，其他两相导体、电缆两端的金属屏蔽或金属护套和铠装层接地	高压引线应尽可能短，绝缘距离足够，试验接线准确无误且连接可靠
3	加压前	1）测量前应对被试相进行充分放电 2）测量并记录环境温度和湿度	采用 2500 V 或 5000V 电压等级兆欧表测量，满足相应标准要求	
4	加压后绝缘电阻测量	测量后应对被试相进行充分放电		
5	试验拆线	拆除所有试验接线，恢复设备状态		

（二）具体步骤

1. 工具储运与检测

（1）校验主绝缘电阻测量设备性能是否正常，保证设备电量充足或者现场交流电源满足仪器使用要求。

（2）领用绝缘工器具和辅助器具，核对工器具的使用电压等级和试验周期，并检查外观完好无损。

（3）检测作业前清点并检查检测设备、仪表、工器具、安全用具等是否齐全，且在有效期内，并摆放整齐。

（4）工器具在运输过程中,应存放在专用工具袋、工具箱或工具车内,以防受潮和损伤。

2. 现场操作前的准备

（1）工作负责人核对电缆线路名称。

（2）工作负责人在测点操作区装设安全围栏,悬挂安全警示牌,检测前封闭安全围栏。

（3）工作负责人召集工作人员交代工作任务,对工作班成员进行危险点告知,交代安全措施和技术措施,确认每一个工作班成员都已知晓,检查工作班成员精神状态是否良好,人员是否合适。

（4）做好停电、验电、放电和接地工作。

（5）拆开、清扫电缆两端连接线。

（6）清扫电缆终端污秽,必要时在电缆终端第一个裙边上使用屏蔽环,将屏蔽环的引线接入仪器的计量系统外进行屏蔽,提高测试精度。

（7）检查绝缘电阻表外观有无损坏,接线桩头是否完好。对绝缘电阻表进行开闭路自检试验。

3. 操作步骤

（1）将绝缘电阻表测试线一头插入绝缘电阻表接线端子"－"或"L"内,另一头接被试电缆。用另一根测试线一头插入绝缘电阻表接线端子"＋"或"E"内,并将另一头夹子可靠接地;如需要用屏蔽则将测试线一头插入摇表绝缘电阻表端子"G"内,另一头接屏蔽。

（2）试验绝缘电阻应读取加压后 15s 和 60s 的绝缘电阻值,即吸收比 $R60/R15$。

（3）测试一相后放电,依次测出三相,并记录,试验报告如表 2-9 所示。

表 2-9　　　　　测 试 电 缆 基 本 信 息

线路名称		试验日期		试验地点	
电缆规格	电缆型号		电缆截面（mm²）		
	电压等级（kV）		电缆长度（m）		

表 2-10 　　　　　　　电 缆 测 绝 缘 电 阻 值

试验方法二：电缆测绝缘电阻值（MΩ）			
试验电压（kV）：		试验设备型号：	
耐压前	黄一地：	绿一地：	红一地：
耐压后	黄一地：	绿一地：	红一地：
试验结论	相位是否正确	耐压或摇测是否合格	
试验者	审核者		

（4）恢复电缆两端接线，注意搭头前核对相位是否准确。

4. 工作终结

（1）召开现场收工会，作业人员向工作负责人汇报测试结果，工作负责人对完成的工作进行全面检查并进行工作点评和总结。

（2）清点工具，清理工作现场，检查被试设备上无遗留工器具和试验用导地线，回收设备材料，拆除安全围栏，人员撤离。

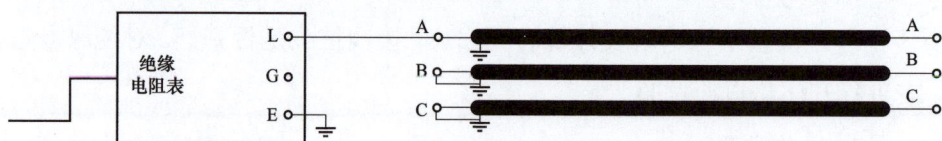

图 2-12　电缆主绝缘电阻试验接线示意图

第三节　外护套绝缘电阻测量

一、安全措施布置

（1）试验现场应装置围栏，并悬挂"高压危险"标识牌，试验人员必须戴好安全帽。

（2）做外护套绝缘电阻测定前，认真检查各连接部位是否牢固，不能出现连接部分松动的现象，以防在试验过程中，因漏电而造成人身触电。

（3）进行外护套绝缘电阻试验时应选择合适的量程。

（4）外护套绝缘电阻测量时，检查人员必须穿戴绝缘手套，并站在绝缘垫上操作，防止误碰有电设备。打开或关闭接地箱、连接或拆除接地线均需要戴绝缘手套。

（5）试验中有登高作业时，登高人员必须使用安全带方可进行登高作业，必须有人监护。

（6）绝缘试验应在良好天气且被试物及仪器周围温度不低于 5℃，空气相对湿度不高于 80% 的条件下进行。

（7）应确保操作人员及测试仪器与电力设备的高压部分保持足够的安全距离。

（8）与带电线路、同回路线路带电裸露部分保持足够的安全距离，其中 110kV 1.5m，220kV 3m。

（9）分相试验结束后，拆接试验接线时，应对设备及被试品进行充分放电，防止触电伤人。

10）涉及隧道、接头井内等有限空间检测时，应当严格遵守"先通风、再检测、后作业"的原则。

二、作业准备

（一）人员配备

表 2-11　　　　　　　　　　试验人员配置表

工作任务	人员（人）
工作总负责人	1
试验负责人	1
工器具准备	1
现场安措布置	2
设备接线	2
设备操作	1
对侧监护	1

（二）主要工器具及仪器仪表配置

表2-12　　　　　　　　　试验主要工器具仪器仪表配置表

序号	工器具名称	规格	数量	单位	备注
1	护层保护器测试		1	套	
2	绝缘电阻表	1000Y	1	台	
3	发电机		1	台	
4	短接线		若干	m	
5	万用表		1	块	
6	高压验电器		1	只	
7	低压验电笔		1	只	
8	个人电工工具		若干	套	
9	绝缘靴		2	双	
10	安全帽		若干	顶	
11	安全带		若干	条	
12	通信工具		4	部	
13	照明灯具或应急灯		若干	盏	
14	接地棒		2	副	
15	防毒面具		1	套	
16	绝缘手套		2	双	
17	有害气体检测仪		1	部	
18	验电器		2	支	
19	接地线		2	组	

三、作业过程

（一）作业项目

表2-13　　　　　　　　　试验作业项目表

序号	作业项目内容	方式和方法	注意事项	标准要求
1	接地系统首尾接地连接断开，悬空			

续表

序号	作业项目内容	方式和方法	注意事项	标准要求
2	试验接线		1）被试电力电缆若装有护层过电压保护器时，须将护层过电压保护器短接接地； 2）对电缆试验时，应分别在每一相上进行，其他两相导体、电缆两端的金属屏蔽或金属护套和铠装层接地	试验接线准确无误且连接可靠
3	测量外护套对地绝缘电阻			
4	末端任选一相短接线接地，起始端测量绝缘电阻，确认相位正确，重复该操作核对其余相			
5	试验拆线	拆除所有试验接线，恢复设备状态		

（二）具体步骤

1. 工具储运与检测

（1）校验设备性能是否正常，保证设备电量充足或者现场电源满足仪器使用要求。

（2）领用绝缘工器具和辅助器具，应核对工器具的使用电压等级和试验周期，并检查外观完好无损。

（3）检测作业前清点并检查检测设备、仪表、工器具、安全用具等是否齐全，且在有效期内，并摆放整齐。

（4）工器具在运输过程中，应存放在专用工具袋、工具箱或工具车内，以防受潮和损伤。

2. 现场操作前的准备

（1）工作负责人在测点操作区装设安全围栏，悬挂安全警示牌，检测前封闭安全围栏。

（2）工作负责人召集工作人员交代工作任务，对工作班成员进行危险点告知，交代安全措施和技术措施，确认每一个工作班成员都已知晓，检查工作班成员精神状态是否良好，人员是否合适。

（3）若工作场所为有限空间，则需要按照有限空间作业要求，对工作场所进行通风，气体检测合格后方可人内工作。

（4）进入工作现场后，核对线路名称，待测设备是否与工作票一致。

3．操作步骤

（1）打开线路近端终端接地箱，拆除连接板，打开第一段中间接头接地箱，记录交叉互联接线方式，用短接线将互联板接地（先接接地端，后接导体端），拆除互联板，拆除外护套层护器。

（2）判断接地线线芯、屏蔽方向，必要时用万用表分别检测接地线线芯、屏蔽侧是否接地，未接地侧为1段电缆接地线。

（3）外护套测试仪、护层保护器测试仪、绝缘电阻表外观检查、设备自检（开路短路自检等）。

（4）取下一段A相短接线，使用1000V绝缘电阻表测量绝缘电阻（绝缘电表操作人需站在橡胶绝缘垫上），测量结束后对电缆进行放电，再恢复一段A相短接线（测试对端应设专人监护）。

（5）重复步骤（4）完成一段B相、C相外护套绝缘测试工作。

（6）使用保护器测试仪测量直流1mA电压测试，使用1000V绝缘电阻表测量护层保护器电阻。

（7）按照步骤（4）（5）（6）依次测量剩余段电缆高压电缆外护层绝缘电阻与高压电缆护层保护器。

（8）恢复所有接地箱内护层保护器、互联板和连接板。确认现场无遗留物，线路恢复至试验前状态。

（9）记录数据结果，具体数据如表2-14所示。

表 2-14 　　　　　　　　试 验 电 缆 信 息 表

线路名称及电缆段	电缆型号	电缆厂家	接地箱位置	接地箱	终端	避雷器厂家	投产年月

表 2-15 　　　　　　　试验电缆外护套绝缘电阻值

试验位置	相别	段长（Km）	外护套绝缘电阻（MΩ）
	A		
	B		
	C		

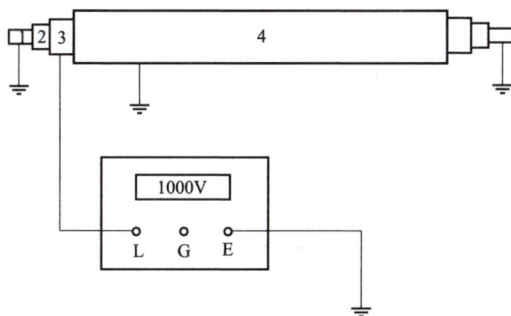

图 2-13 　外护套绝缘电阻试验接线图

1—线芯导体；2—绝缘层；3—金属屏蔽层；4—绝缘外护套（表面石墨层）

4. 工作终结

（1）召开现场收工会，作业人员向工作负责人汇报测试结果，工作负责人对完成的工作进行全面检查并进行工作点评和总结。

（2）清点工具，清理工作现场，检查被试设备上无遗留工器具，拆除安全围栏，人员撤离。

（3）检测结果判定。

1）外护层绝缘采用 1000V 绝缘电阻表测量电阻大于 0.5MΩ·km。

2）护层保护器采用 1000V 绝缘电阻表测试值大于 10MΩ。

3）护层保护器采用保护器测试仪测试直流参考电压符合设备设计要求（直流 1mA 电压测试）。

第四节 接地电阻测量

一、安全措施布置

（1）试验前确认电缆线路双重名称，核对线路色标无误，防止误登杆塔。

（2）试验前应验电，确认停电线路无电，挂设接地线后方可工作。

（3）与裸露带电体保持足够安全距离。

（4）试验现场应装置围栏，悬挂"止步，高压危险"标识标牌，试验人员必须戴好安全帽。

（5）使用合格的绝缘工具。

（6）禁止徒手碰任意裸露带电金属部位，作业人员如需接触接地系统裸露金属部分，应佩戴好绝缘手套。电缆试验前后要进行充分地放电。对于接地线的连接部分，必须确定固定牢靠，不能出现连接部分松动的现象，以防在试验过程中，因漏电而造成人身触电。

二、作业准备

（一）人员配备（见表2-16）

表2-16　　　　　　　试验人员配置表

工作任务	人员（人）
工作总负责人	1
试验负责人	1
工器具准备	1
现场安措布置	2
设备接线	2
设备操作	1
对侧监护	1

（二）主要工器具及仪器仪表配置（见表2–17）

表2–17　　　　　　试验主要工器具仪器仪表配置表

序号	名称	单位	数量	备注
1	绝缘电阻表	个	1	也可使用钳形接地电阻测试仪
2	绝缘手套	双	1	
3	放电棒	根	1	
4	温湿度计	块	1	
5	计时器	块	1	通过相关校验
6	对讲机	只	2	可通过电缆长度选择

三、作业过程

（一）作业项目（见图2–14）

接地系统接地连接断开，悬空 → 试验接线 → 测量接地电阻 → 试验拆线

图2–14　作业项目流程图

（二）具体步骤

（1）挂设接地线。

（2）电缆接地系统悬空。

（3）将连线连接完毕，正极连在被测物体处，同时连接两个辅助地极接地，按照仪器说明步骤进行操作。

（4）试验电压为1000V。

（5）读取1min稳定值读数。

（6）记录测试段长。

（7）关闭仪器并进行充分放电，汇总数据并记录。见表2–18、见表2–19。

表 2-18 试验电缆信息表

线路名称及电缆段	电缆型号	电缆厂家	接地箱位置	接地箱	终端	避雷器厂家	投产年月

表 2-19 试验电缆接地电阻值

试验位置	段长（km）	接地电阻（Ω）

（8）恢复现场状态至试验前（见图 2-15）。

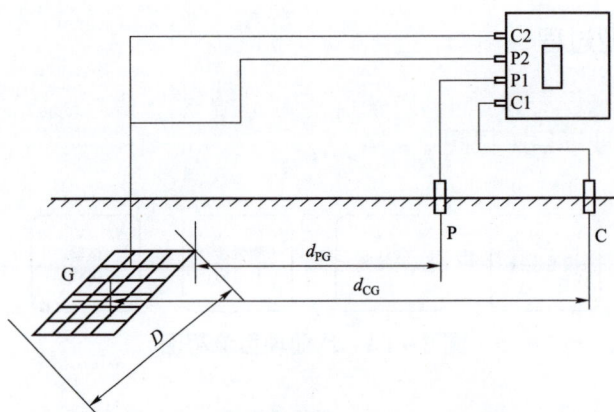

图 2-15 接地阻抗测量接线示意图

G—被试接地装置；C—电流极；P—电位极；D—被试接地装置最大对角线长度；
d_{CG}—电流极与被试接地装置中心的距离；d_{PG}—电位极与被试接地装置边缘的距离

第五节 交叉互联系统试验

一、安全措施布置

（1）试验前确认电缆线路双重名称，核对线路色标无误，防止误登杆塔。

（2）试验前应验电，确认停电线路无电，挂设接地线后方可工作。

（3）与裸露带电体保持足够安全距离。

（4）试验现场应装置围栏，悬挂"止步，高压危险"标识标牌，试验人员必须戴好安全帽。

（5）使用合格的绝缘工具。

（6）禁止徒手碰任意裸露带电金属部位，作业人员如需接触接地系统裸露金属部分，应佩戴好绝缘手套。电缆试验前后要进行充分地放电。对于接地线的连接部分，必须确定固定牢靠，不能出现连接部分松动的现象，以防在试验过程中，因漏电而造成人身触电。

二、作业准备

（一）试验人员配备（见表2-20）

表2-20　　　　　　试验人员配置表

工作任务	人员（人）
工作总负责人	1
试验负责人	1
工器具准备	1
现场安措布置	2
设备接线	2
设备操作	1
对侧监护	1

（二）主要工器具及仪器仪表配置（见表2-21）

表2-21　　　　　　试验主要工器具仪器仪表配置表

序号	名称	单位	数量	备注
1	兆欧表	个	1	应具备5000、2500V两个测量档位
2	温湿度计	块	1	
3	对讲机	只	2	可根据电缆长度选择
4	试验短接线		1	
5	绝缘手套	双	1	
6	放电棒		1	

三、作业过程

（一）作业项目

```
┌──────────┐    ┌────────┐    ┌────────┐    ┌──────────┐    ┌────────┐
│交叉互联系 │    │        │    │        │    │末端任选一 │    │        │
│统首尾接地 │ ⟹ │试验接线│ ⟹ │测量外护套│ ⟹ │相短接线接 │ ⟹ │试验拆线│
│连接断开， │    │        │    │对地绝缘电│    │地，起始端 │    │        │
│悬空       │    │        │    │阻       │    │测量绝缘电 │    │        │
│          │    │        │    │        │    │阻，确认换 │    │        │
│          │    │        │    │        │    │位方式正确，│    │        │
│          │    │        │    │        │    │重复该操作 │    │        │
│          │    │        │    │        │    │核对其余项 │    │        │
└──────────┘    └────────┘    └────────┘    └──────────┘    └────────┘
```

图 2-16　作业项目流程图

（二）具体步骤

（1）电缆外护套、绝缘接头外护套与绝缘夹板的直流耐压试验。试验时必须将电缆护层过电压保护器断开，在互联箱中将另一侧的三段电缆金属套都接地，使绝缘接头的绝缘环也能结合在一起进行试验，然后在每段电缆金属屏蔽或金属护套与地之间施加直流电压，加压时间 1min，不应击穿。交接时试验电压为 10kV，预防性试验时试验电压为 5kV。

（2）护层过电压保护器测试。

1）对电阻片施加直流参考电流后测量其压降，其值应在产品标准规定的范围内。

2）测试电阻片及其引线的对地绝缘电阻：将电阻片的全部引线并联在一起，并与接地的外壳绝缘，用 1000V 兆欧表测量引线与外壳之间的绝缘电阻，其值不应小于 10MΩ。

（3）互联箱隔离开关（或连接片）接触电阻测试。此项测试检查应在密封互联箱之前进行，首先检查互联箱隔离开关（或连接片）的连接位置，保证连接位置正确无误。用双臂电桥测量隔离开关（或连接片）的接触电阻，接触电阻不应大于 20μΩ。

第六节　电缆护层回路电阻测量

一、安全措施布置

（1）仪器使用时应避开雨淋、腐蚀气体、尘埃过浓、高温、阳光直射等场所。

（2）测试仪使用前应检查仪器接线，确保接线正确，测量前能够标准电阻校对测试仪，确保测试仪正常运行。

（3）在取下测试钳之前，务必确认测试开关按钮处在断开的位置，测试钳上没有电流，才可以取下测试钳，以免发生危险。

（4）测量前，应选择合适的量程。

（5）如果重复测试，只需要切断测量开关，将测试钳重新夹好，再按测量开关即可。

（6）在测试过程中，禁止移动测试钳和供电线路。

（7）在测试过程中，当仪器输出电流时，切不可拆除测试线，以免发生事故。

（8）接通电源后，禁止触摸裸露的触点和带电金属。

二、作业准备

（一）人员配备

表 2-22　　　　　　　试 验 人 员 配 置 表

工作任务	人员（人）
工作总负责人	1
试验负责人	1
工器具准备	1

工作任务	人员（人）
现场安措布置	2
设备接线	3
设备操作	1
对侧监护	1

（二）主要工器具及仪器仪表配置

表 2-23　　　　　　　　试验主要工器具仪器仪表配置表

序号	名称	单位	数量	备注
1	兆欧表	个	1	应具备 5000、2500V 两个测量档位
2	回路电阻测试仪	套	1	可根据实际情况选择串联谐振式或工频交流耐压试验系统
3	温湿度计	块	1	
4	计时器	块	1	通过相关校验
5	对讲机	只	2	可根据电缆长度选择

三、作业过程

（一）作业项目

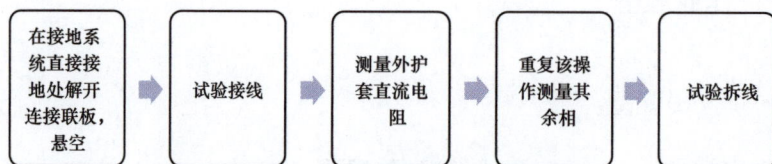

图 2-17　作业项目流程图

（二）具体步骤

（1）将测试线中的红色接线接仪器"I+、U+"端子，黑色接线接仪器"I－、U－"端子，测试钳接试品。

（2）打开仪器电源开关，待液晶屏亮起后，选择"直流电阻测试"，并根据实际情况设置相关参数。

（3）选择开始测试，按【确认】键进入测试界面。

（4）等待仪器数值稳定并蜂鸣后，记录界面显示的数据，如表 2－24所示。

表 2－24 试 验 电 缆 信 息 表

线路名称及电缆段	电缆型号	电缆厂家	接地箱位置	接地箱	终端	避雷器厂家	投产年月

表 2－25 试验电缆回路电阻值

试验位置	相别	段长（Km）	回路电阻（mΩ）
	A		
	B		
	C		

（5）关闭仪器电源开关，拆除接线。

第七节　避雷器预试及底座绝缘电阻测量试验

一、安全措施布置

（1）试验现场应装置围栏，并悬挂"高压危险"标识示牌，并有专人监护。试验人员必须戴好安全帽。

（2）必须将避雷器从各方面完全断开，验明无电压后方可进行，测试工作应由两人担任。

（3）试验接线应先接设备接地线，再接其他引线，接线完毕后，试验负责人应检查接线，确认无误。

（4）确认加压设备周围人员已离开，并保持足够的安全距离，其中110kV 为 1.5m，220kV 为 3m。试验引线与周围物体的安全距离至少大于0.5m，如有需要，可使用绝缘操作杆。

（5）加压前，试验负责人应在得到所有看守人员"可以加压"的复诵后方可下令加压。

（6）加压过程中，全体试验人员应精力集中，不得触碰导体，并随时警戒异常情况发生。一旦出现放电和击穿现象，应降压到零，切断试验电源。异常情况分析清楚后方可重新进行试验。

7）试验前后及拆接试验接线时，应将被试避雷器对地充分放电，以防止剩余电荷、感应电压伤人及影响测量结果。试验引线应先接地，再操作。

8）按试验设备说明书站在绝缘垫上正确使用试验设备。

9）试验中有登高作业时，登高人员必须使用安全带方可进行登高作业，必须有人监护，使用梯子时必须有人扶持或绑牢。高处作业应使用工具袋，上下传递物品应用绳索拴牢传递，严禁抛掷。

10）试验完毕后，认真清理现场。

二、作业准备

（一）人员配备

表 2-26　　　　　　　试 验 人 员 配 置 表

工作任务	人员（人）
工作总负责人	1
试验负责人	1
工器具准备	1
现场安措布置	2
设备接线	3
设备操作	1
对侧监护	1

（二）主要工器具及仪器仪表配置

（1）绝缘电阻测量的主要装备和工器具。

表 2－27　　　　　　　主 要 装 备 和 工 器 具

序号	工器具名称	型号、规格	数量	备注
1	验电器		1 只	
2	接地线		1 组	
3	绝缘手套		1 副	
4	绝缘绳		1 条	
5	个人工具			包括安全帽、安全带、扳手、钳子、螺钉旋具，型号根据实际工作情况配备
6	接地短路线		若干	
7	绝缘导线		着干	
8	放电棒		1 根	
9	安全围栏		若干	
10	绝缘电阻表		1 只	2500V 或 5000V 绝缘电阻表
11	温混度计		1 只	误差±1℃

（2）底座绝缘电阻测量的主要装备和工器具。

表 2－28　　　　　　主 要 装 备 和 工 器 具

序号	工器具名称	型号、规格	数量	备注
1	脸电器		1 只	
2	接地线		1 组	
3	绝缘手套		1 副	
4	绝缘绳		1 条	
5	个人工具			包括安全帽、安全带、扳手、钳子、螺钉旋具，型号根据实际工作情况配备
6	接地短路线		若干	

续表

序号	工器具名称	型号、规格	数量	备注
7	绝缘导线		若干	
8	放电棒		1根	
9	安全国栏		若干	
10	绝缘电阻表		1只	2500V 或 5000V 绝缘电阻表
11	温湿度计		1只	误差±1℃
12	放电棒		1根	

（4）工频参考电压和持续电流测量的主要装备和工器具。

表2–29　　　　　　　　　主要装备和工器具

序号	工器具名称	型号、规格	数量	备注
1	验电器		1只	
2	接地线		1组	
3	绝缘手套		1副	
4	绝缘绳		1条	
5	个人工具			包括安全帽、安全带、扳手、钳子、螺钉旋具，型号根据实际工作情况配备
6	接地短路线		若干	
7	绝缘导线		若干	
8	放电棒		1根	
9	安全围栏		若干	
10	工频交流发生器		1台	
11	温湿度计		1只	误差±1℃

（5）直流参考电压（U_m）和 $0.75U_{imA}$ 以下的泄漏电流测量的主要装备和工器具。

表 2-30　　　　　　　主要装备和工器具

序号	工器具名称	型号、规格	数量	备注
1	验电器		1 只	
2	接地线		1 组	
3	绝缘手套		1 副	
4	绝缘绳		1 条	
5	个人工具			包括安全相、安全带、扳手、钳子、螺钉旋具，型号根据实际工作情况配备
6	接地短路线		若干	
7	绝缘导线		若干	
8	放电棒		1 根	
9	安全围栏		若干	
10	直流发生器		1 台	
11	微安表		1 只	
12	温湿度计		1 只	误差±1℃

（6）放电计数器动作情况检查的主要装备和工器具。

表 2-31　　　　　　　主要装备和工器具

序号	工器具名称	型号、规格	数量	备注
1	验电器		1 只	
2	接地线		1 组	
3	绝缘手套		1 副	
4	绝缘绳		1 条	
5	个人工具			包括安全帽、安全带、扳手，钳子，螺钉旋具，型号根据实际工作情况配备
6	接地短路线		若干	
7	绝缘导线		若干	
8	放电棒		1 根	

序号	工器具名称	型号、规格	数量	备注
9	安全围栏		若干	
10	放电计数器检验仪		1台	
11	温湿度计		1只	误差±1℃

三、作业过程

（一）作业项目

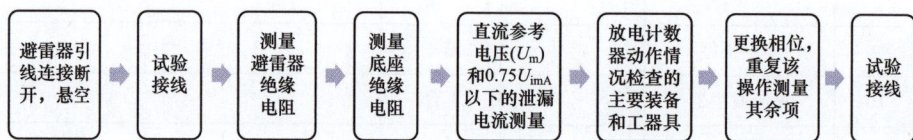

图 2-18　作业项目流程图

（二）具体步骤

绝缘电阻测量

1. 工具储运与检测

（1）校验绝缘电阻测量设备性能是否正常，保证设备电量充足或者现场交流电源满足仪器使用要求。

（2）领用绝缘工器具和辅助器具，核对工器具的使用电压等级和试验周期，并检查外观完好无损。

（3）检测作业前清点并检查检测设备、仪表、工器具、安全用具等是否齐全，且在有效期内，并摆放整齐。

（4）工器具在运输过程中，应存放在专用工具袋、工具箱或工具车内，以防受潮和损伤。

2. 现场操作前的准备

（1）工作负责人核对避雷器名称。

（2）工作负责人在测点操作区装设安全围栏，悬挂安全警示牌，检测前封闭安全围栏。

（3）工作负责人召集工作人员交代工作任务，对工作班成员进行危险点告知，交代安全措施和技术措施，确认每一个工作班成员都已知晓，检查工作班成员精神状态是否良好，人员是否合适。

（4）做好停电、验电、放电和接地工作。

（5）拆开、清扫避雷器端部连接线。

（6）清扫避雷器污秽，必要时在避雷器上使用屏蔽环，将屏蔽环的引线接入仪器的计量系统外进行屏蔽，提高测试精度。

（7）检查绝缘电阻表外观有无损坏，接线桩头是否完好。对绝缘电阻表进行开闭路自检试验。

3. 操作步骤

（1）将绝缘电阻表测试线一头插入绝缘电阻表接线端子"＋"或"L"内，另一头接被试避雷器高压端。用另一根测试线一头插入绝缘电阻表接线端子"－"或"E"内，并将另一头夹子可靠接地；如需要用屏蔽，则将测试线一头插入绝缘电阻表接地端子"G"内，另一头接屏蔽。其接线图如图2-19所示。

（2）试验绝缘电阻应读取加压后的绝缘电阻值。

（3）测试一相后放电，依次测出其他两相，并记录。

图 2-19　绝缘电阻测试接线图

（4）恢复避雷器顶端接线，注意搭头前核对相位是否准确。

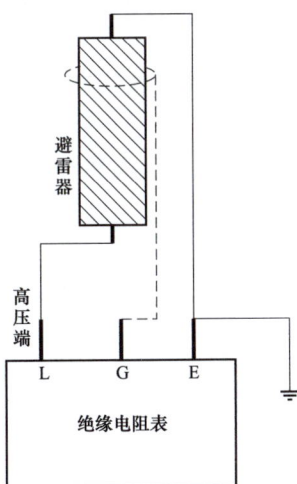

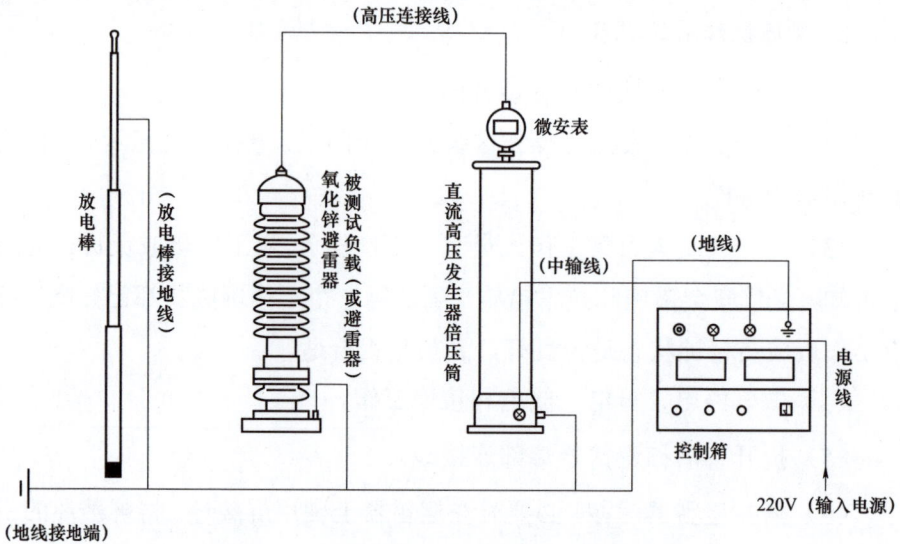

图 2-20　避雷器绝缘电阻测量设备接线图

4. 工作终结

（1）召开现场收工会，作业人员向工作负责人汇报测试结果，工作负责人对完成的工作进行全面检查并进行工作点。

（2）清点工具，清理工作现场，检查被试设备上无遗留工器具和试验用导地线，回收设备材料，拆除安全围栏，人员撤离。

底座绝缘电阻测量

1. 工具储运与检测

（1）校验底座绝缘电阻测量设备性能是否正常，保证设备电量充足或者现场交流电源满足仪器使用要求。

（2）领用绝缘工器具和辅助器具，核对工器具的使用电压等级和试验周期，并检查外观完好无损。

（3）检测作业前清点并检查检测设备、仪表、工器具、安全用具等是否齐全，且在有效期内，并摆放整齐。

（4）工器具在运输过程中，应存放在专用工具袋、工具箱或工具车内，以防受潮和损伤。

2. 现场操作前的准备

（1）工作负责人核对避雷器名称。

（2）工作负责人在测点操作区装设安全围栏，悬挂安全警示牌，检测前封闭安全围栏。

（3）工作负责人召集工作人员交代工作任务，对工作班成员进行危险点告知，交代安全措施和技术措施，确认每一个工作班成员都已知晓，检查工作班成员精神状态是否良好，人员是否合适。

（4）做好停电、验电、放电和接地工作。

（5）拆开、清扫避雷器端部连接线。

（6）清扫避雷器污秽，必要时在避雷器上使用屏蔽环，将屏蔽环的引线接入仪器的计量系统外进行屏蔽，提高测试精度。

（7）检查绝缘电阻表外观有无损坏，接线桩头是否完好。对绝缘电阻表进行开闭路自检试验。

3. 操作步骤

（1）将绝缘电阻表测试线一头插入绝缘电阻表接线端子"＋"或"L"内，另一头接被试避雷器底座法兰用另一根测试线一头插入绝缘电阻表接线端子"－"或"E"内，并将另一头夹子可靠接地；如需要用屏蔽，则将测试线一头插入绝缘电阻表接地端子"G"内，另一头接屏蔽。其接线图如图2-21所示。

（2）试验绝缘电阻应读取加压后的绝缘电阻值。

（3）测试一相后放电，依次测出其他两相，并记录。

（4）恢复避雷器顶端接线，注意搭头前核对相位。

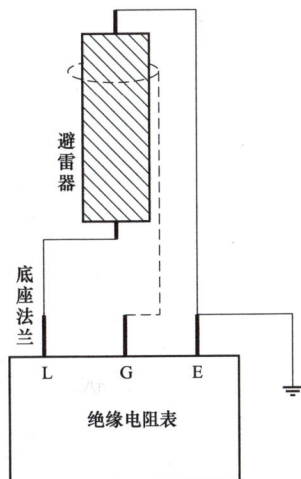

图2-21　底座绝缘电阻测试接线图

4. 工作终结

（1）召开现场收工会，作业人员向工作负责人汇报测试结果，工作负责人对完成的工作进行全面检查并进行工作点评和总结。

（2）清点工具，清理工作现场，检查被试设备上无遗留工器具和试验用导地线，回收设备材料，拆除安全围栏，人员撤离。

工频参考电压和持续电流测量

1. 工具储运与检测

（1）校验工频参考电压和持续电流测量设备性能是否正常，保证设备电量充足或者现场交流电源满足仪器使用要求。

（2）领用绝缘工器具和辅助器具，应核对工器具的使用电压等级和试验周期，并检查外观完好无损。

（3）检测作业前清点并检查检测设备、仪表、工器具、安全用具等是否齐全，且在有效期内，并摆放整齐。

（4）工器具在运输过程中，应存放在专用工具袋、工具箱或工具车内，以防受潮和损伤。

2. 现场操作前的准备

（1）工作负责人核对避雷器名称。

（2）工作负责人在测点操作区装设安全围栏，悬挂安全警示牌，检测前封闭安全围栏。

（3）工作负责人召集工作人员交代工作任务，对工作班成员进行危险点告知，交代安全措施和技术措施，确认每一个工作班成员都已知晓，检查工作班成员精神状态是否良好，人员是否合适。

（4）做好停电、验电、放电和接地工作。

（5）拆开、清扫避雷器顶端连接线。

（6）检查测试仪外观有无损坏，接线桩头是否完好。

3. 操作步骤

1）将测试仪高压输出"＋"端连接被试避雷器高压端，测试仪高压输出"－"端接地，泄漏电流信号线"＋"端连接被测避雷器放电计数器上端，泄漏电流信号线"－"端连接被测相避雷器放电计数器下端。其接线图如图 2－22 所示。

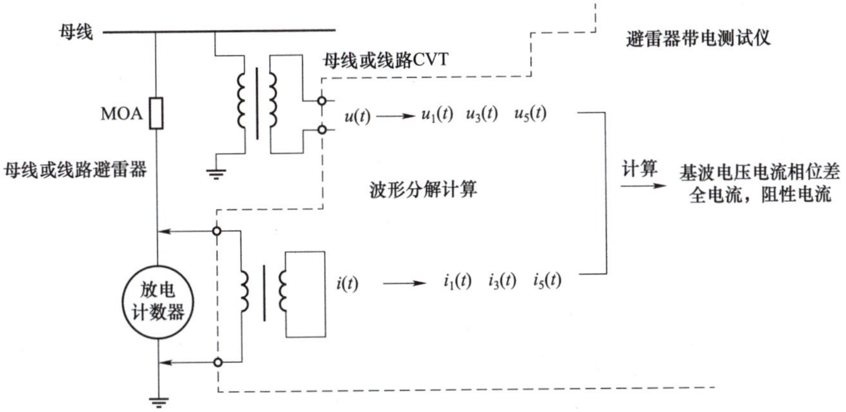

图 2－22　工频参考电压和持续电流测量接线图

（2）检查接线是否有误，确认无误后开机测量，记录运行电压，全电流和阻性电流。

（3）测试一相后放电，依次测出其他两相，并记录。

（4）恢复避雷器顶端接线，注意搭头前核对相位是否准确。

（5）汇总记录试验数据。

表 2－32　　　　　　　　　试 验 数 据 汇 总 表

试验性质		试验日期	
线路名称		电压等级	
设备名称		避雷器编号	
环境温度		环境湿度	
天气		试验地点	

试验位置	相别	底座绝缘（GΩ）	直流 1mA 参考电压（kV）	75%直流 1mA 参考电压下电流（μA）
	A 相			
	B 相			
	C 相			

4. 工作终结

（1）召开现场收工会，作业人员向工作负责人汇报测试结果，工作负责人对完成的工作进行全面检查并进行工作点评和总结。

（2）清点工具，清理工作现场，检查被试设备上无遗留工器具和试验用导地线，回收设备材料，拆除安全围栏，人员撤离。

直流参考电压（U_{1mA}）和 $0.75U_{1mA}$ 下的泄漏电流测量

1. 工具储运与检测

（1）校验直流参考电压及泄漏电流试验设备性能是否正常，保证设备电量充足或者现场交流电源满足仪器使用要求。

（2）领用绝缘工器具和辅助器具，应核对工器具的使用电压等级和试验周期，并检查外观完好无损。

（3）检测作业前清点并检查检测设备、仪表、工器具、安全用具等是否齐全，且在有效期内，并摆放整齐。

（4）工器具在运输过程中，应存放在专用工具袋、工具箱或工具车内，以防受潮和损伤。

2. 现场操作前的准备

（1）工作负责人核对避雷器名称。

（2）工作负责人在测点操作区装设安全围栏，悬挂安全警示牌，检测前封闭安全围栏。

（3）工作负责人召集工作人员交代工作任务，对工作班成员进行危险点告知，交代安全措施和技术措施，确认每一个工作班成员都已知晓，检查工作班成员精神状态是否良好，人员是否合适。

（4）做好停电、验电、放电和接地工作。

（5）拆开、清扫避雷器顶端连接线。

（6）检查测试仪外观有无损坏，接线桩头是否完好。

3. 操作步骤

（1）将倍压筒上端用导线与高压电流表外端相连，倍压筒下端接地；

将被试避雷器的高压端用导线与高压电流表内端相连,被试避雷器下端接地,其接线图如图所示。

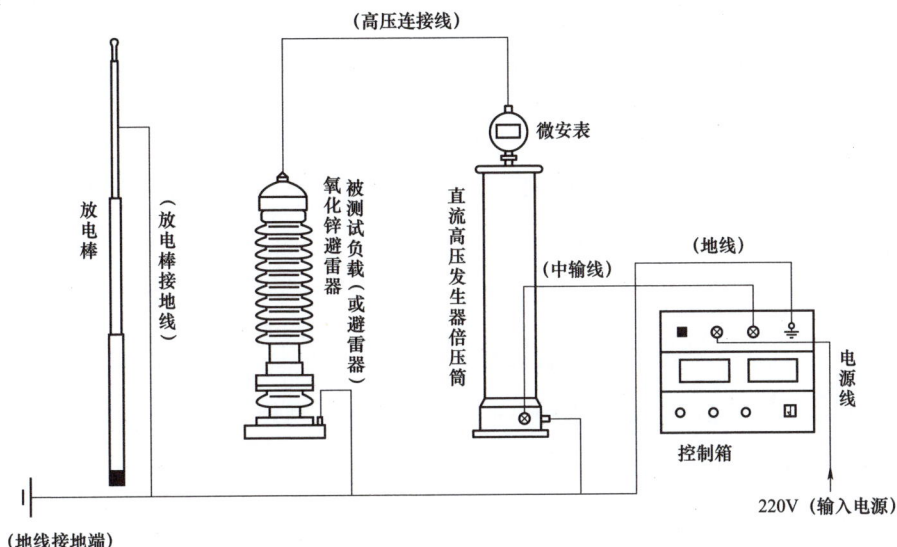

(高压连接线)

微安表

放电棒

(放电棒接地线)

被测试负载(或避雷器)氧化锌避雷器

直流高压发生器倍压筒

(中输线)

(地线)

控制箱

电源线

220V(输入电源)

(地线接地端)

图 2-23 直流参考电压和泄漏电流测量接线图

(2)对被试避雷器施加直流电压。升压速度由电流的增长速率决定,一般正常情况下,可按 200μA/s 速度的升压至电流达 1000μA 止。读取直流 1mA 的电压(U_{1mA})并做记录。

(3)按 75%U_{1mA} 对被试避雷器加压,读取 75%U_{1mA} 下的电流值并做记录。

(4)试验结束后,将直流电压降至零,切断电源,用放电棒对试品放电,依次测出三相,并做记录。

(5)恢复避雷器顶端接线,注意搭头前核对相位是否准确。

4.工作终结

(1)召开现场收工会,作业人员向工作负责人汇报测试结果,工作负责人对完成的工作进行全面检查并进行工作点评和总结。

(2)清点工具,清理工作现场,检查被试设备上无遗留工器具和试验用导地线,回收设备材料,拆除安全围栏,人员撤离。

放电计数器动作情况检查

1. 工具储运与检测

（1）校验放电计数器动作检查设备性能是否正常，保证设备电量充足或者现场交流电源满足仪器使用要求。

（2）领用绝缘工器具和辅助器具，应核对工器具的使用电压等级和试验周期，并检查分观完好无损。

（3）检测作业前清点并检查检测设备、仪表、工器具、安全用具等是否齐全，且在有效期内，并摆放整齐。

（4）工器具在运输过程中，应存放在专用工具袋、工具箱或工具车内，以防受潮和损伤。

2. 现场操作前的准备

（1）工作负责人核对避雷器名称。

（2）工作负责人在测点操作区装设安全围栏，悬挂安全警示牌，检测前封闭安全围栏。

（3）工作负责人召集工作人员交代工作任务，对工作班成员进行危险点告知，交代安全措施和技术措施，确认每一个工作班成员都已知晓，检查工作班成员精神状态是否良好，人员是否合适。

（4）做好停电、验电、放电和接地工作。

（5）拆开、清扫避雷器顶端连接线。

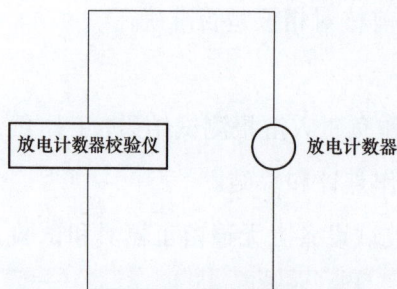

图 2-24　放电计数器检查接线图

3. 操作步骤

（1）将避雷器放电计数器校验仪连接至放电计数器两端。其接线图如图所示。

（2）检查接线是否有误，确认无误后开机测量测试 3～5 次，计数器均应正常动作。

（3）测试结束后，计数器指示应调到"0"。

（4）依次测出三相，并记录。

（5）恢复避雷器顶端接线，注意搭头前核对相位是否准确。

4．工作终结

（1）召开现场收工会，作业人员向工作负责人汇报测试结果，工作负责人对完成的工作进行全面检查并进行工作点评和总结。

（2）清点工具，清理工作现场，检查被试设备上无遗留工器具和试验用导地线，回收设备材料，拆除安全围栏，人员撤离。

第八节　电 缆 相 位 识 别

一、安全措施布置

（1）试验前确认电缆线路双重名称，核对线路色标无误，防止误登杆塔。

（2）试验前应验电，确认停电线路无电，挂设接地线后方可工作。

（3）与裸露带电体保持足够安全距离。

（4）试验现场应装置围栏，悬挂"止步，高压危险"标识标牌，试验人员必须戴好安全帽。

（5）使用合格的绝缘工具。

（6）禁止徒手碰任意裸露带电金属部位，作业人员如需接触接地系统裸露金属部分，应佩戴好绝缘手套。电缆试验前后要进行充分地放电。对于接地线的连接部分，必须确定固定牢靠，不能出现连接部分松动的现象，以防在试验过程中，因漏电而造成人身触电。

二、作业准备

（一）人员配备

表 2-33   试 验 人 员 配 置 表

工作任务	人员（人）
工作总负责人	1
试验负责人	1
工器具准备	1
现场安措布置	2
设备接线	3
设备操作	1
对侧监护	1

（二）主要工器具及仪器仪表配置

表 2-34   试验主要工器具仪器仪表配置表

序号	名称	单位	数量	备注
1	兆欧表	个	1	应具备 5000、2500V 两个测量档位
2	温湿度计	块	1	
3	对讲机	只	2	可根据电缆长度选择
4	试验短接线	条	1	
5	绝缘手套	双	1	
6	放电棒	根	1	

三、作业过程

（一）作业过程

表 2-35   试 验 作 业 项 目 表

序号	作业项目内容	方式和方法	注意事项	标准要求
1	接地系统首尾接地连接断开，悬空			

续表

序号	作业项目内容	方式和方法	注意事项	标准要求
2	试验接线	按照试验方案的要求进行	1）被试电力电缆若装有护层过电压保护器时，须将护层过电压保护器短接接地； 2）对电缆主绝缘测量绝缘电阻或做耐压试验时，应分别在每一相上进行，其他两相导体、电缆两端的金属屏蔽或金属护套和铠装层接地	高压引线应尽可能短，绝缘距离足够，试验接线准确无误且连接可靠
3	测量外护套对地绝缘电阻			
4	末端任选一相短接线接地，起始端测量绝缘电阻，确认相位正确，重复该操作核对其余相			
5	试验拆线	拆除所有试验接线，恢复设备状态		

（二）具体步骤

1. 试验接线

核对相位的方法较多，比较简单的方法有电池法及绝缘电阻表法等。核对三相电缆相位电池法和绝缘电阻表法接线如图 2–25（a）和图 2–25（b）所示。

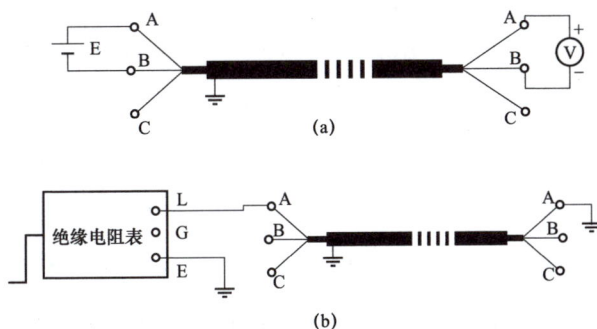

图 2–25　核对三相电缆相位试验接线

（a）电池法；（b）绝缘电阻表法

双缆并联运行时，核对电缆相位试验接线如图 2-26 所示。

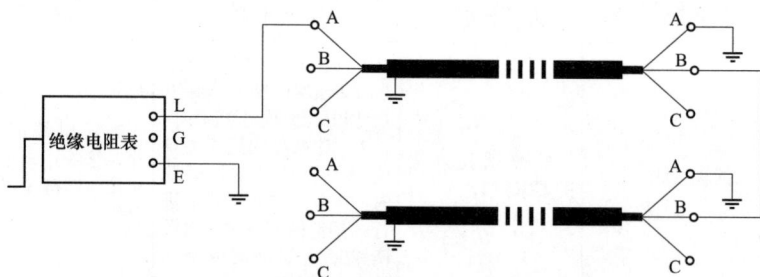

图 2-26　双缆并联核对电缆相位的试验接线

2. 操作步骤

采用电池法核对相位时，将电缆两端的线路接地刀闸拉开，对电缆进行充分放电。对侧三相全部悬空。在电缆的一端，A 相接电池组正极，B 相接电池组负极；在电缆的另一端，用直流电压表测任意二相芯线，当直流电压表正起时，直流电压表正极为 A 相，负极为 B 相，剩下一相则为 C 相。电池组为 2～4 节干电池串联使用。

采用绝缘电阻表法核对相位时，将电缆两端的线路接地刀闸拉开，对电缆进行充分放电，对侧三相全部悬空，将测量线一端接绝缘电阻表"L"端，另一端接绝缘杆，绝缘电阻表"E"端接地。通知对侧人员将电缆其中一相接地（以 A 相为例），另两相空开。试验人员驱动绝缘电阻表，将绝缘杆分别搭接电缆三相芯线，绝缘电阻为零时的芯线为 A 相。试验完毕后，将绝缘杆脱离电缆 A 相，再停止绝缘电阻表。对被试电缆放电并记录。完成上述操作后，通知对侧试验人员将接地线接在线路另一相，重复上述操作，直至对侧三相均有一次接地。

核对双缆并联运行电缆相位时，试验人员在电缆一端将两根电缆 A 相接地，B 相短接，C 相"悬空"，如图 2-26 所示。试验人员再在电缆的另一端用绝缘电阻表分别测量六相导体对地及相间的绝缘情况，将出现下列情况：① 绝缘电阻为零，判定是 A 相；② 绝缘电阻不为零，且两根电缆相通相，判定是 B 相；③ 绝缘电阻不为零，且两根电缆也不通的相，判定是 C 相。

3. 测试中注意事项

（1）试验前后必须对被试电缆充分放电。

（2）在核对电缆线路相序之前，必须进行感应电压测量。

第三章

电缆故障定位标准化作业流程

第一节　安　全　措　施　布　置

（1）试验前确认电缆线路双重名称，核对线路色标无误，防止误登杆塔。

（2）试验前应验电，确认停电线路无电，挂设接地线后方可工作。

（3）与裸露带电体保持足够安全距离。

（4）试验现场应装置围栏，悬挂"止步，高压危险"标识标牌，试验人员必须戴好安全帽。

（5）使用合格的绝缘工具。

（6）禁止徒手碰任意裸露带电金属部位，作业人员如需接触接地系统裸露金属部分，应佩戴好绝缘手套。电缆试验前后要进行充分放电。对于接地线的连接部分，必须确定固定牢靠，不能出现连接部分松动的现象，以防在试验过程中，因漏电而造成人身触电。

（7）试验完毕后，认真清理现场。

第二节　作　业　准　备

一、人员配备

表 3-1　　　　　　　　　　试 验 人 员 配 置 表

工作任务	人员（人）
工作总负责人	1
试验负责人	1
工器具准备	1
现场安措布置	2
设备接线	3
设备操作	1
对侧监护	1

二、主要工器具及仪器仪表配置

表 3-2　　　　　　　　试验主要工器具仪器仪表配置表

序号	名称	单位	数量	备注
1	电缆故障定位系统	套	1	
2	温湿度计	块	1	
3	对讲机	只	2	可根据电缆长度选择
4	试验短接线	条	1	
5	绝缘手套	双	1	
6	放电棒	根	1	

第三节 作 业 过 程

一、作业项目（见表3-3）

表3-3　　　　　　　　　试 验 作 业 项 目 表

故障性质		发生概率	测距方法选择	定点方法选择
断线故障		几乎不发生	低压脉冲法/或按高阻故障测试	按高阻故障测试
短路（低阻）故障		低压电缆发生较多	低压脉冲法/脉冲电流法	声磁同步法/金属性短路故障用音频信号法定位
高阻故障	50K 欧以下	80%以上	二次脉冲/脉冲电流法/电桥法	声磁同步法
	50K 欧以上		二次脉冲/脉冲电流法	声磁同步法
闪络故障		很小	二次脉冲/脉冲电流法	声磁同步法

二、具体操作

（1）电力电缆故障测距的操作步骤。

1）低压脉冲方式测试故障距离。

示例：这是一个故障电缆，资料显示此电缆为10kV交联聚乙烯电缆，全长600多米。到现场拆下电缆同两端其他设备的连接后，先用500V兆欧表测试绝缘电阻，发现A相对地。B、C两相对地为0；然后用万用表测试得到B相对地10kΩ、C相对地50Ω；又用万用表对A、B、C三相的连续性进行测试得到 B 相不连续，中间有开路的地方。于是对这条电缆诊断为：A相为好相、B相开路并高阻接地、C相低阻接地，可以选用低压脉冲法测试故障距离。见图3-1。

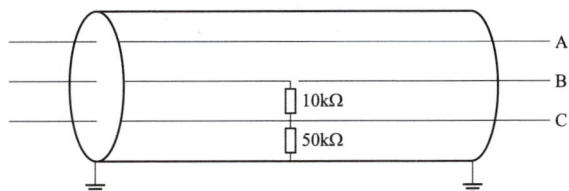

图 3-1　故障电缆示意图

a. 直接测量法。

测量电缆全长：首先用低压脉冲法中的直接测试方式通过 A 相测量电缆的全长。打开 T-903，连接上低压脉冲导引线，开机。T-903 的开机初始状态是：低压脉冲工作方式、160m/μs 的波速度、213m 的范围、虚光标在 106m 处。

如图 3-2 所示，把低压脉冲导引线上的两个夹子连接到 A 相和金属护层的接地线上（红黑夹子不分）；按一下 波速 键，屏幕上出现 V160，然后按 ▲▶ 键调整波速至 V170；再按一下 波速 键，使 V170 消失，这样就把 170 m/μs 的波速度存入了设备中；不停的按 测试 键同时轻轻调整 增益旋钮 ，查看液晶显示器，有没有明显的突变波形出现，如果没有，就按 范围 键，增大一倍范围再重复上面的操作，这样增大到 904m 的范围时就会看到图 3-2 所示的波形。

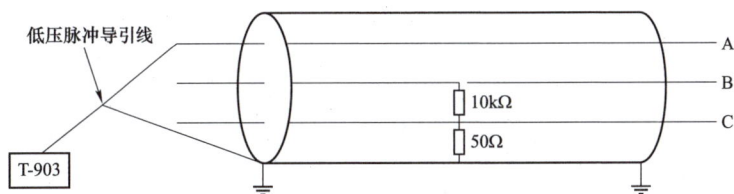

图 3-2　故障测距接线一

虚光标处的波形就是全长的开路波形，把虚光标移动到波形的拐点处，在屏幕的右上角显示低压脉冲 632m 就是全长。

测量故障距离：按图 3-4 所示接线，把刚才接 A 相的夹子接到 B 相上然后重复上面的操作，可看到图 3-5 所示的波形。

91

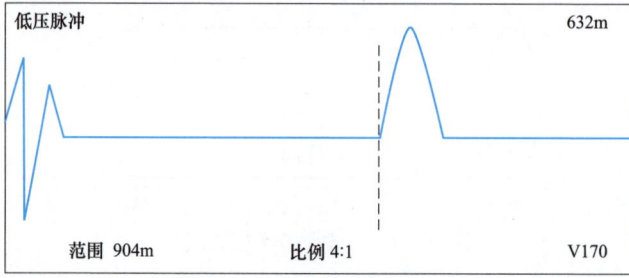

图 3－3　电缆全长波形

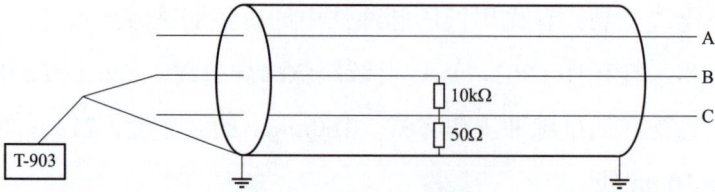

图 3－4　故障测距换线

移动虚光标至波形的拐点后，显示 B 相的开路故障距离为 316m。也就是说 B 相在 316m 处断线了。如图 3－5 所示。

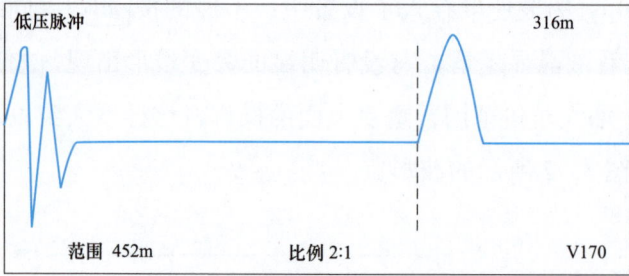

图 3－5　B 相低压脉冲故障波形

按图 3－6 所示，把 B 相上的接线夹子接到 C 相上，仍然重复上面的操作就会看到图 3－7 所示的波形。

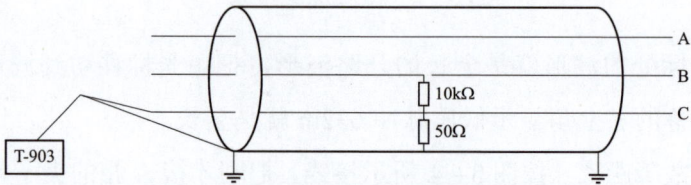

图 3－6　低压脉冲故障测距接线三

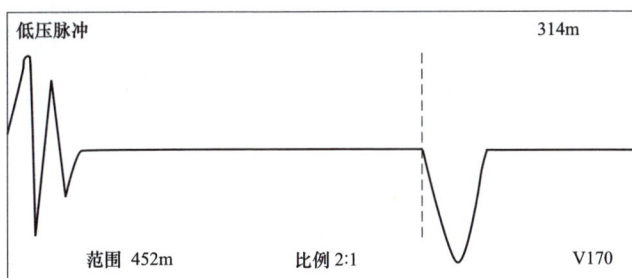

图 3-7 C 相低压脉冲故障波形

移动虚光标至波形的拐点后，显示 C 相短路故障距离为 314m。也就是说 C 范围 452m 相在 314m 处发生了低阻短路故障。从对 B、C 两相开路和短路测试的故障距离看，得到的距离并不完全一致，这主要和虚光标放置的位置是否是波形真正的拐点有关。实际操作时由于电缆中每个点的波阻抗都不完全一致，屏幕上显示的波形是弯弯曲曲的，不会象图中画的那样平滑，故障波形的拐点更不好确定，所以低压脉冲方式测量故障距离时一般用低压脉冲比较法测量。

b. 比较测量法。

用低压脉冲方式的比较法测量电缆 B、C 相对地故障距离的步骤如下：

首先按图 3-6 所示接线，操作仪器后得到图 3-7 所示波形，按两次记忆键，记忆 "OK' 后，把波形记忆到仪器后台模板上，然后把接到 B 相上的夹子接到 A 相上，在范围和增益都不动的情况下只按一下当前键屏幕上就会出现图 3-8 所示的波形。然后按一下 "比较" 键，就会出现图 3-9 所示的波形。

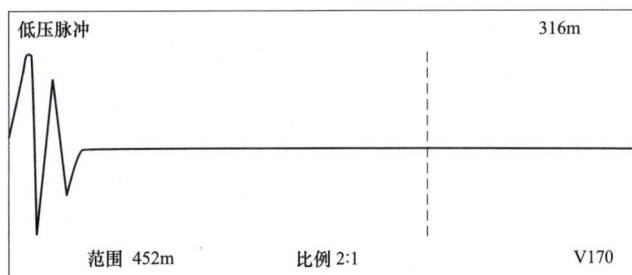

图 3-8 低压脉冲测良好相波形

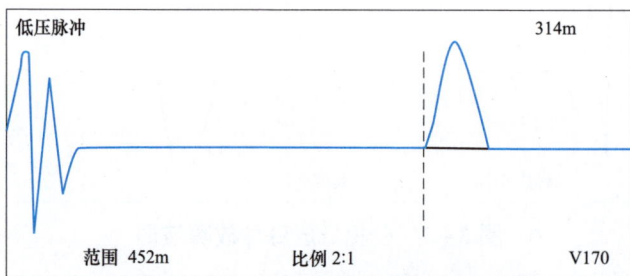

图 3 - 9　低压脉冲故障测试比较波形

把虚光标移到波形的分叉点处，显示的距离 314m 就是 B 相对精确的故障距离。同样，把 C 相对地测试的波形和 A 相对地波形比较将得到图 3-10 所示的波形。

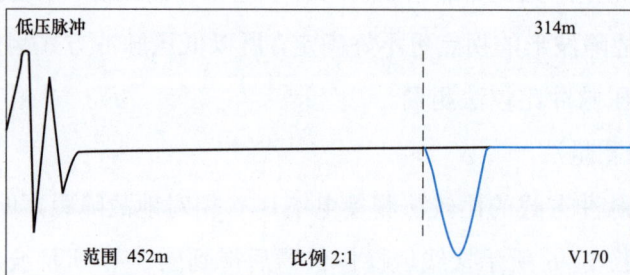

图 3 - 10　低压脉冲故障测试比较波形

也可以把 B、C 相分别对地测试的波形图进行比较，将得到图 3-11 示的波形。

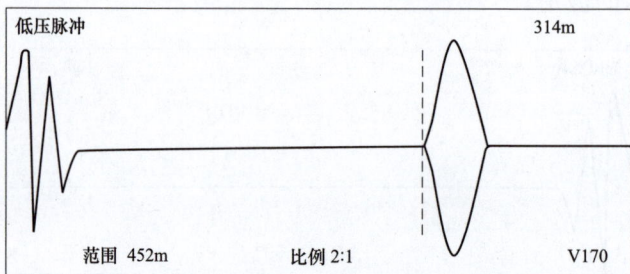

图 3 - 11　低压脉冲故障测试比较波形

把虚光标移动到波形的分叉点处,屏幕右上角显示的 314m 就是故障距离。

2)脉冲电流方式(冲闪法)测试故障距离。

示例:这是一个 10kV 交联聚乙烯电缆,全长 600 多米,对电缆的绝缘和连续性测量后得知,电缆发生单相(C 相)对地故障,绝缘电阻 2MΩ,属高阻故障,可用脉冲电流法测试故障距离。

如图 3-12 所示,把 T-302、电容、脉冲电 2M2 流耦合器和 T-903 或 T-905 接好,注意保护地和工作地不要接到一个点上。在"单次"放电方式下操作高压信号发生器,使电压升到能使故障点击穿的程度。此时按下"单次"放电按钮后,电压表迅速回摆。然后开始操作 T-903,用脉冲电流法测试故障点的距离。

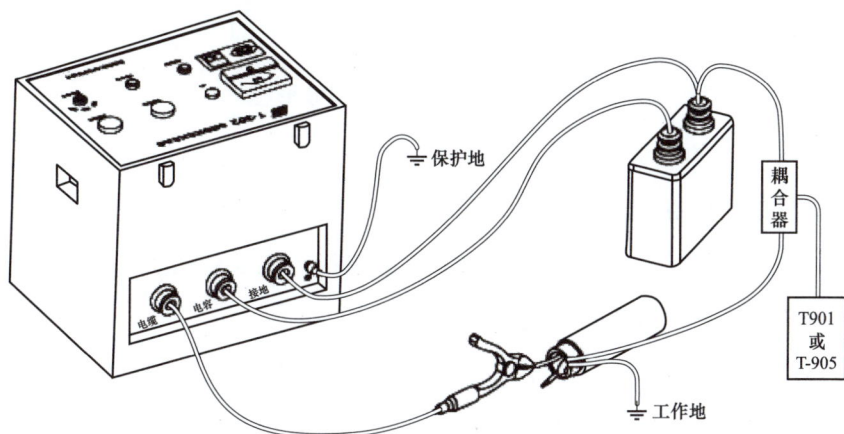

图 3-12　二次脉冲法测试接线图

仪器调整:按 T-903 的开/关键打开仪器;按动方式键,使 T-903 工作在"脉冲电流"工作方式下;按动波速键,调整波速至电缆的波速值(此波速值是在低压脉冲方式下通过全长测试,校正后的波速值。如不知道精确全长,可根据是何种绝缘介质用经验波速值,例如本电缆是交联聚乙烯绝缘的,可调整波速至 170m/μs);按动范围键,选择仪器的工作范围,所选择的工作范围应大于且最接近所测电缆的全长(例如本电缆长度为 600 多米,合适的范围值应选择为 680m 那一挡)。

经检查确认仪器完好、接线无误后,即可以进行测试。把"增益旋钮"

旋至较小的位置，按动"预备"键，仪器处于等待触发工作状态，显示器正中间显示一条笔直的线，下边沿显示"延时时间 0μs 等待"提示符。

放电波形的记录：按动 T-302 的"单次放电"按钮，把冲击高压加到电缆上，使故障点放电。这时，T-903 被触发，显示出新的当前波形，如图 3-13 所示，其中第一个脉冲是高压信号发生器的发射脉冲，第二个脉冲是故障点传来的放电脉冲，而第三个脉冲是放电脉冲的一次反射。

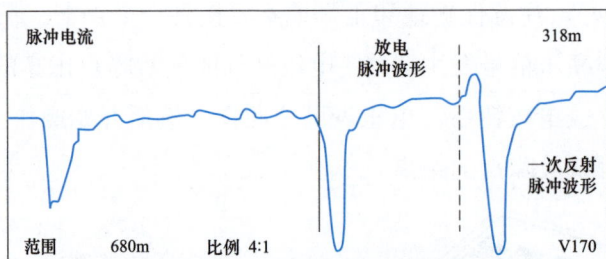

图 3-13　脉冲电流故障波形图

如果记录的当前波形幅值过小或过大一次反射应适当增大或减小增益，重新按"预备"键进行测试。如波形图中一样把零点实光标放到故障点放电脉冲的下降沿，把虚光标放到放电脉冲一次反射的上升沿处，右上角显示的 318m 就是故障距离。

电力电缆故障定点的操作步骤。用声磁同步接收法精确测定故障点的位置。

根据故障测距结果和电缆路径确定故障点的大体范围，在这个范围内进行定点声磁同步接收法简称为声磁同步法，是可靠性与精度都很高的一种方法，故障定点时首先应选择此方法，在不具备使用这种定点方法的条件时，可以考虑使用其他定点方法。

接线之后，首先在"单次放电"方式下操作 T-302，把冲击电压升到足够使故障点击穿放电的程度（能看到电压表的迅速大幅度回摆），然后把 T-302 的工作方式调至"周期放电方式"。

组装好 T-505 并将其拿到离 T-302 十几米以外的故障电缆的路径上，开机，调整磁场增益，看是否能接收到高压脉冲的磁场信号。如果接收不到，应检查高压设备与电缆的接线情况，重点是电缆两端的接地线。对于金属护层两端不接地的低压电缆，要把金属护层接地。如果能接收到，就到测距仪测得的故障距离的大体方位处，用 T–509 进行故障定点。首先根据脉冲磁场的方向，找到电缆的路径；然后沿着电缆路径放声磁探头，1～2m 放一次，每次放置的时间以能接收 3～4 次脉冲磁场信号为宜，在证接收到脉冲磁场的同时，观察液晶显示器显示的声音波形（这时要把声音增益调最大），如果能在一个点连续看到如图 3–14 所示的声音波形，就说明离故障点已经很近。

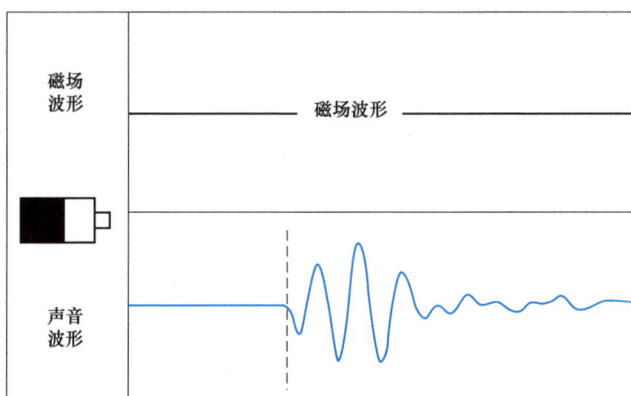

图 3–14　放电的声音波形

小范围内移动探头，使放电声音波形前面的直线部分达到最短，即声磁时间差最小，那么探头正下方就是故障点误差一般不超过 0.2m。

注意事项：

1）信号鉴别：将探头放在电缆上方，故障点击穿放电时，仪器触发，"同步指示"灯闪亮，液晶显示屏显示采集到的磁场和声音信号波形。如果故障点放电发出的声音信号能够被仪器接收到，则其波形将明显不同于噪声波形，最基本的特征为：

噪声波形：杂乱无章，没有规律，在同一测试点每次触发显示的波形均不一样。

放电声音波形：规律性很强，在同一测试点，每次触发显示的波形在形状、幅值、起始位置等各方面均非常相似。

在对直埋电缆进行定点时，放电声音波形和一段正弦波有些相似。如图 3-15 所示信号越强越相似，能分辨出的周期数越多；信号越弱，变形越严重，周期性越差。图中虚光标所在的位置没有任何意义。

仪器的抗干扰能力很强，显示的放电声音波形一般比较稳定，但偶尔的强烈干扰也会造成声音波形变形严重以致无法分辨，这时只要在同一点多进行几次采样即可。在定点过程中，可以使用耳机来监听声音，若探头距离故障点已经足够近，则能够在"同步指示"灯闪亮的同时，听到一个不同于环境噪声的故障点放电声。

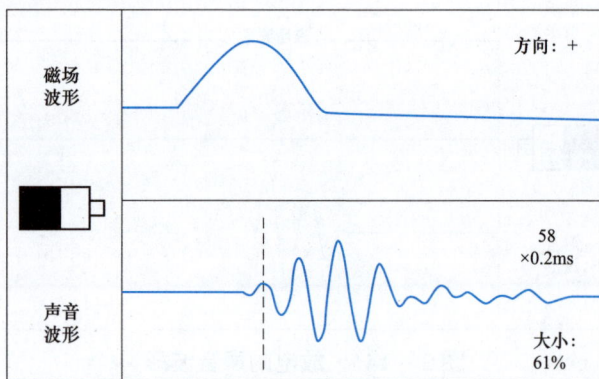

(a)

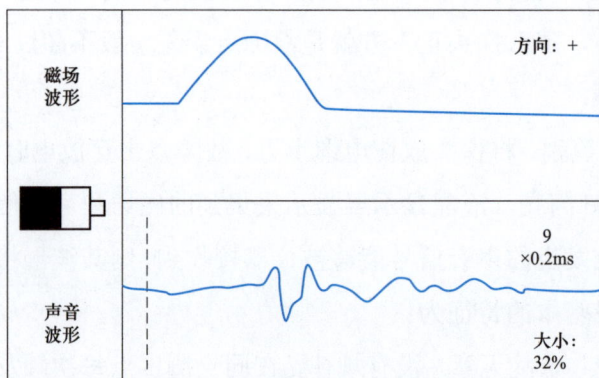

(b)

图 3-15　典型的放电声音波形

（a）信号较强；（b）信号较弱

在进行信号鉴别的时候,波形识别是主要手段;耳机监听是辅助手段,可以用来验证波形识别的结果。一般地,如果能监听到放电的声音信号,则放电的声音波形早已能够被正确识别;但反过来,由于听觉分辨力不如视觉,以及环境噪声、个人经验等原因,在放电的声音波形能够识别时,监听并不一定能分辨出放电的声音信号。更应该注意的是,由于放电磁场很强,不可避免地对声音信号通道产生影响,有时在离故障点还比较远的地方,经过极力分辨也能监听到一个很小的声音信号,虽然不同于环境噪声,但是在不同的位置,声音强度不变,波形无法识别,这时可以断定这种声音是干扰,而不是故障点放电的信号。

如果没有采到放电产生的声音信号,说明探头的位置距离故障点还比较远,应沿电缆路径方向将探头移动 1～2m 的距离重新探测。

由于故障测距和地面测量都存在误差,尤其在故障点较远或地形复杂时,误差可能会更大,而且极有可能超出估计的误差范围,所以在首先确定的 20m 的小范围不曾采到放电声音信号时,应在更大范围内继续寻找。如果在较大范围内还没有采到放电声音信号,应首先检查故障测距的结果是否正确,如果不能十分确定,要再次进行测距;如果故障电阻偏低,造成放电的声音信号过于微弱而不易探测,应尽量提高放电电压,或加大电容,再进行定点,移动探头时也要适当缩小每次移动的距离。

2）判断故障点的远近:仪器采集到放电声音信号后,可以利用声磁时间差的值来判断故障点的远近,如图 3－16 所示。

仪器被磁场触发后,就开始记录声音信号,声音波形零点就是磁场触发的时刻刚开始,声音信号还没有传到探头,声音波形比较平直,或仅有微弱的不规则噪声波形;放电产生的声音信号到来时,声音信号的特征波形开始出现。平直波形的长度代表了声磁时间差的长短。

采集到放电的声音信号波形后,光标可能在零点,也可能在其他位置,这时显示的时间值没有意义,需要使用＜键和＞键将光标移动到平直波形结束、放电的声音波形开始出现的位置,相应显示的时间值就是声磁时间差，即放电声音信号从故障点传到探头需要的时间。时间越长，离故障点的距离越远；时间越短，距离越近。

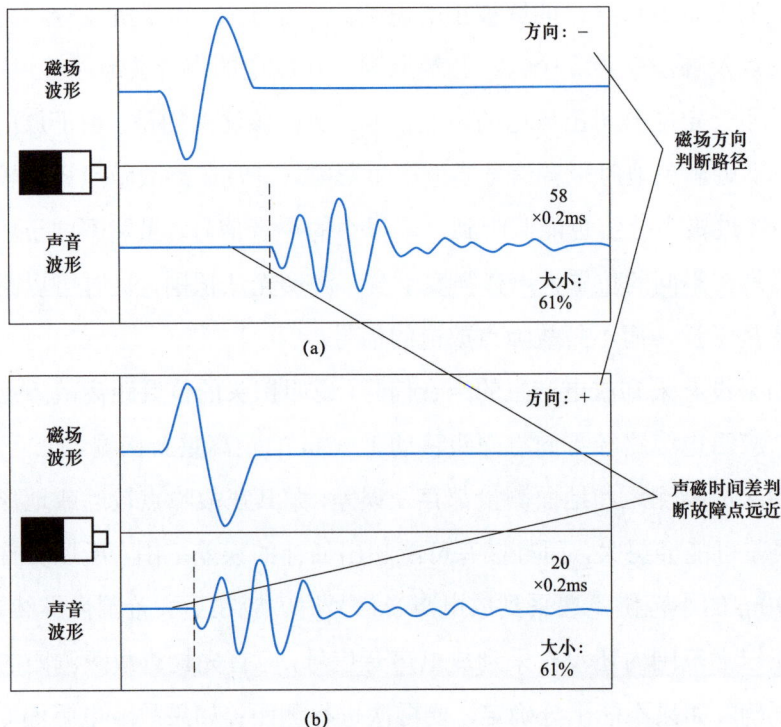

图 3-16　声磁同步定点时磁场正负与声磁时间差的显示
（a）负磁场离故障点较远；（b）正磁场离故障点较近

将探头沿电缆路径方向移动一段较小的距离，重新采样，如果测得的声磁时间差变小，说明这次与上次相比，靠近了故障点，反之说明远离了故障点。图 3-16 所示是声磁探头在两个不同位置时的液晶显示，图 3-13a 所示的脉冲磁场为负、声磁时间差为 58×0.2ms，图 3-16b 所示的脉冲磁场为正、声磁时间差为 20×0.2ms，图 3-16b 所对应的探头位置更接近故障点。

重复上述过程，直至找到声磁时间差最小的点，其所对应的就是故障点的位置。如果保持声音增益不变，还能够利用放电声音的强度不同来辅助定点。可以观察表示声音幅值的"大小"百分数，也可以用耳机监听，人工分辨声音强弱，声音最强的点一般就是故障点，不过也有特殊情况。这是传统的声测定点法，不易分辨、容易使人疲劳、而且精确度较低。

3）暂停键的使用：在声音与磁场信号鉴别和测量过程中，如果认为当前波形比较典型，可按"暂停"键，防止再次触发，以便仔细观察分析。

在暂停状态下，液晶屏显示"暂停触发"闪烁文字，这时可按动＜和＞键来移动光标，确定声磁时间差的值。

要解除暂停状态，只需再按一次"暂停"键即可。

4）注意事项：故障定点是故障查找最后的也是最关键的工作，由于现场比较复杂，定点工作可能比较漫长，但如果不是金属性短路故障、不是穿管敷设的电缆，故障点放电的声音一般都很大，如果还没找到故障点，可能是还没走到离故障点比较近的地方，所以定点时一定要有耐心和信心。

对于大面积进水的故障和穿管电缆的故障，放电时可能整个路径上都有响声，定点时一定要注意与测得的故障距离相结合，同时故障点处的放电声音会明显要大于其他地方。

三、整体步骤

（1）故障诊断——就是用万用表、兆欧表测量电缆的故障电阻，并根据故障电阻的大小，判断电缆的故障性质；

（2）故障测试距——在电缆一端用仪器测定故障点的距离。见图3-17、图3-18。

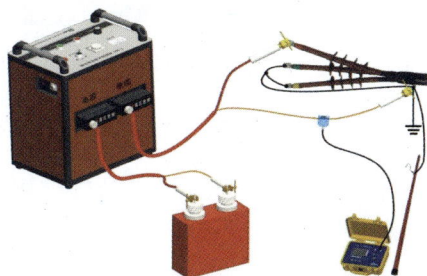

图3-17 故障测试距装置电路图（一）

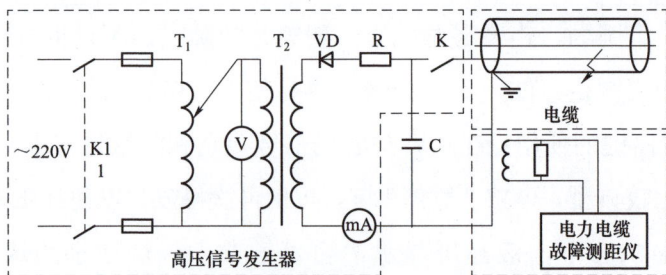

图 3-17　故障测距装置电路图（二）

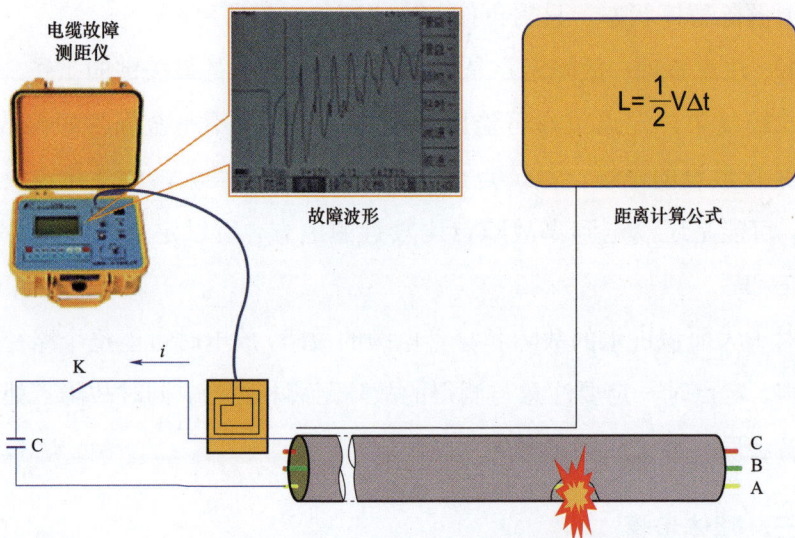

图 3-18　故障测试距装置接线图

（3）故障定点——根据测距结果，在一定范围内精确测定故障点的具体位置。

第一步：用高压信号发生器向故障电缆中施加脉冲高电压。

第二步：携带 T-505 声磁同步法故障定点仪器，到距离高压信号发生器十几米外的电缆路径上，查看仪器是否能接收到脉冲磁场信号。

第三步：依照故障测距结果与电缆的路径走向，找出故障点的大体方位，携带声磁同步法故障定点仪器到该方位处，沿电缆的路径移动探头，寻找对应特性的声音波形图。

第四章

典 型 案 例

接下来以几起经典故障处理经过为案例,对本文中所提到的试验方法与故障处理过程进行分析说明。

第一节 接地系统回路电阻异常案例

一、异常分类

接地系统回路电阻异常消缺。

二、排查方法

回路电阻测试仪检测。

三、过程描述

运检人员对 110kV 某线开展回路电阻测试过程中发现该线路某电缆段 A 相回路电阻值 131MΩ,B 相回路电阻值 240MΩ,C 相回路电阻值 75.5MΩ。根据本电缆段长度推算线路回路电阻正常值为 9.5MΩ 左右,结果值明显偏大,存在缺陷。翌日,班组安排复测,发现回路电阻异常的现象依旧存在。

四、原因分析

1. 直接分析

抢修人员对线路该处接地箱进行检查，工作人员拆开电缆终端尾管防水包带，检查发现其中一相电缆铝护套与尾管连接铜编织线连接处有放电痕迹。其余相电缆终端均存在不同程度的氧化现象，造成接触电阻增加，铜编织带未起到有效接地作用。

消缺前　　　　　　　　　　　　　　　消缺后

2. 间接分析

对于该案例，在接地系统中，电缆铝护套以铜编织线的形式与尾管相连，将感应电荷接入大地，由于长时间户外运行，铜编织线产生反应，锈蚀严重，从而引起接地电阻明显增加，进而引发设备严重发热，引发放电，威胁电缆接地系统的安全可靠。

五、处理方法

班组联合施工人员完成了现场消缺，对此连接处重新焊接，并增加铜铝过渡片。2021 年 4 月 13 日晚，班组对该处回路电阻开展复测，测量结果显示 A 相 7.5MΩ，B 相 8.6MΩ，C 相 7.5MΩ，测量值已符合经验数据要求，线路已恢复至正常状态。

六、防范措施

增加开展在线监测装置或回路电阻表对电力电缆回路电阻测量工作，在条文规定周期的基础上增加检测次数。

第二节 避雷器预试数据异常案例

一、异常分类

避雷器预试泄露电流异常消缺。

二、排查方法

避雷器预防性试验。

三、过程描述

运检人员对 110kV 某线开展避雷器预试过程中发现该线路某电缆终端 A 相避雷器 1mA 泄漏电流下电压为 86kV，0.75 额定电压下泄露电流为 280μA，根据《电力电缆及通道检修规程》，电缆避雷器直流 1mA 电压（U_{1mA}）及在 0.75U_{1mA} 下漏电流测量，应满足 U_{1mA} 初值差不超过 ±5%，0.75U_{1mA} 漏电流初值差 ≤30% 或 ≤50μA，避雷器铭牌上额定电压为 168kV，电压 5% 下限为 159.6kV，不满足试验规程 U_{1mA} 初值差不超过 ±5% 的要求，泄漏电流不满足小于 50μA 的要求，存在缺陷。翌日，班组安排复测，发现回路电阻异常的现象依旧存在。

四、原因分析

试验人员对线路该处电缆终端进行检查，发现由于避雷器长期户外运行引起氧化锌阀片电阻特性变化，已不具备较好的保护特性。

五、处理方法

班组联合施工人员完成了现场消缺，对此避雷器进行更换，并增加检测频率。2021 年 9 月 17 日晚，班组对该处避雷器开展复测，测量结果显示 A 相 U_{1mA} 为 170kV，$0.75U_{1mA}$ 对应泄漏电流为 23μA，测量值已符合经验数据要求，线路已恢复至正常状态。

六、防范措施

增加避雷器预试测量工作，在条文规定周期的基础上增加检测次数。

附录A（规范性附录） 电缆试验标准

电缆试验项目标准见表 A。

表 A   电缆试验项目标准

试验项目	基准周期	试验方法和技术要求	说明
电缆金属护层接地电流带电测试（适用时）	必要时	接地电流≤100A，接地电流/负荷＜20%，单相接地电流最大值/最小值比值小于3且不应有明显变化	1）运行巡视基准周期： 2）330kV级以上：1月； 3）220kV：3月； 4）110（66）kV：6月
红外热像检测	必要时	1）用红外热像仪检测避雷器本体及电气连接部位，红外热像图显示应无异常温升、温差和/或相对温差； 2）用红外热像检测电缆本体、电缆终端、电缆接头、电缆分支处及接地线（如可测），红外热像图显示应无异常温升、温差和/或相对温差	1）运行巡视基准周期： 2）330kV级以上：1月； 3）220kV：3月； 4）110kV及以下：6月
避雷器运行中持续电流检测	必要时	1）宜在每年雷雨季节前进行本项目； 2）通过与同组间其他避雷器的测量结果相比较做出判断，彼此应无显著差异	运行巡视基准周期：1年
电缆局部放电带电检测	新换电缆、新做电缆终端电缆接头和必要时	应无明显的局部放电。局部放电检测应在相同的环境下多次检测比对，对疑似局部放电点应跟踪检测	
充油电缆油压示警系统	必要时	合上试验开关，应能正确发出示警信号	运行巡视基准周期：6月
相位核对	1）基准周期：3年； 2）必要时	与电网相位一致	10、20kV电缆线路为诊断性试验

续表

试验项目	基准周期	试验方法和技术要求	说明
主绝缘绝缘电阻测量	1）基准周期：35kV 及以上：3 年 10、20kV：特别重要电缆线路 6 年，重要电缆线路 10 年，一般电缆线路必要时； 2）必要时	与初值比无显著变化	用 5000V 兆欧表测量
外护套及内衬层绝缘电阻测	1）基准周期：35kV 及以上：3 年； 2）必要时	采用 1000V 兆欧表测量。当外护套或内衬层的绝缘电阻低于 0.5MΩ·km 时，应判断其是否已破损进水，方法是用万用表测量绝缘电阻，然后调换电笔重复测量，如果调换前后的绝缘电阻差异明显，可初步判断已破损进水。对于 110kV 及以上电缆，仅测量外护套绝缘电阻	1）用 1000V 兆欧表测量； 2）10、20kV 电缆线路为诊断性试验
接地系统测试	1）基准周期：3 年； 2）必要时	1）电缆外护套、绝缘接头外护套、绝缘夹板对地直流耐压试验。试验方法：先将电缆护层过电压保护器断开，在互联箱中将另一侧的所有电缆金属套都接地，然后在每段电缆金属屏蔽或金属护层与地之间加 5kV 直流电压，加压时间为 60s，不应击穿； 2）护层过电压保护器测试。护层过电压保护器的直流参考电压应符合设备技术要求；用 1000V 兆欧表测量护层过电压保护器及其弓线对地的绝缘电阻，不应低于 10MΩ； 3）测量接地装置接地电阻，不应大于 10Ω	
电缆主绝缘交流耐压试验	1）基准周期：220kV 及以上：3 年； 2）35kV、110（66kV）：6 年； 3）新做电终端电缆接头和必要时	1）采用谐振装置，谐振频率：20～300Hz，建议频率：30～70Hz； 2）220kV 及以上，试验电压为 $1.36U_0$，时间 5min；35～110kV，试验电压为 $1.6U_0$，时间 5min；10、20kV，试验电压为 $2U_0$，时间 5min； 3）如试验条件许可，宜同时测量介质损耗因数和局部放电。未老化的橡塑绝缘电缆，其介质损耗因数应该很小，通常不大于 0.001，有增加明显，或者大于 0.002 时，需作进一步试验	

续表

试验项目	基准周期	试验方法和技术要求	说明
电缆主绝缘交流耐压试验	整条线路全部更换时	交流耐压试验电压和时间 | 额定电压 U_0/U（kV）	试验电压（kV）	时间（min）
18/30	$2U_0$	60
21/35～64/110	$2U_0$	60
127/220	$1.7U_0$	60
190/330	$1.7U_0$	60
290/500	$1.7U_0$	60		1）仅适用于橡塑绝缘电缆，充油电缆不适用； 2）耐压前后应测量主绝缘电阻，应无明显差异； 3）额定电压为 0.6/1kV 的电缆线路应用 2500V 兆欧表测量导体 4）对地绝缘电阻代替耐压试验，试验时间 1min
充油电缆供油系统	1）基准周期：3年； 2）必要时	1）测量控制电缆线芯对地绝缘电阻，采用 250V 兆欧表，绝缘电阻（MΩ）与被测长度（km）的乘积值不小于 1； 2）压力箱的供油量不应小于供油特性曲线所代表的标称供油量的 90%。 3）电缆油击穿电压：≥50kV，测量方法参考 GB/T 507； 4）电缆油介质损耗因数：＜0.005，在油温 100±1℃和场强 1MV/m 时，测量方法参考 GB/T 5654	
避雷器直流 1mA 电压（U_{1mA}）及在 $0.75U_{1mA}$ 下漏电流测量	基准周期： 1）3年（无持续电流检测）； 2）6年（有持续电流检测）	1）U_{1mA} 初值差不超过 5%，且不低于 GB 11032 规定值（注意值），$0.75U_{1mA}$ 漏电流初值差≤30%或≤50uA（注意值）； 2）对于单相多节串联结构，应逐节进行； 3）有下列情形之一的金属氧化物避雷器，应进行本项试验： a）红外热像检测时，温度同比异常； b）运行电压下持续电流偏大； c）有电阻片老化或者内部受潮的缺陷，尚未消除隐患	
避雷器底座绝缘电阻测量		≥100MΩ	用 2500V 兆欧表测量
避雷器放电计数器功能检查	基准周期：3年	功能应正常，检查完毕应记录当前基数。若配有泄漏电流检测功能应同时校验电流表，结果应符合设备技术文件之要求	
电缆金属屏蔽层电阻和导体电阻比	1）要判断屏蔽层是否出现腐蚀时； 2）新做终端或接头后	1）要求在同等测量条件下，屏蔽层电阻和导体电阻比不应有明显变化。通常，比值增大，可能是屏蔽层出现腐蚀；比值减少，可能是附件中的导体连接点的电阻增大； 2）导体的直流电阻值不得大于附录 B 中数值	诊断性试验

续表

试验项目	基准周期	试验方法和技术要求	说明
电缆振荡波局放检油	需要时	利用振荡波局放检测技术对电缆进行检测，结果应无异常	
电缆及附件内的电缆油取样试验	需要时	取样及试验方法按 GB/T 7252,参量及要求如下： 1) 击穿电压：≥45kV； 2) 介质损耗因数：在油温 100±1℃和场强 1MV/m 的测试条件下，新油不大于 0.005；运行中的油不大于 0.01； 3) 油中溶解气体分析：各气体含量满足下列注意值要求（μ1/1），可燃气体总量＜1500；H_2＜500；C_2H_2 痕量；CO＜100；CO_2＜1000；CH_4＜200；C_2H_4＜200；C_2H_6＜200	仅适用于充油电缆，诊断性试验

试验项目	基准周期	试验方法和技术要求			说明
主绝缘直流耐压试验	1) 失去油压导致受潮或进气修复后； 2) 新做终端或接头后； 3) 必要时	电缆 U_0/U,kV	雷电冲击耐受电压	直流试验电压, kV	仅适用于充油电缆，诊断性试验，耐压时间为 5min
		48/66	325	165	
			350	175	
		64/110	450	225	
			550	275	
		127/220	850	425	
			950	475	
			1050	510	
		190/330	1050	525	
			1175	585	
			1300	650	

试验项目	基准周期	试验方法和技术要求			说明
主绝缘直流耐压试验	1) 去油压导致受潮或进气修复后； 2) 新做终端或接头后	电缆 U_0/U,kV	雷电冲击前受电压, kV	直流试验电压, kV	仅适用于充油电缆，诊断性试验，耐压时间为 5min
		290/500	1425	710	
			1550	775	
			1675	835	

续表

试验项目	基准周期	试验方法和技术要求			说明
主绝缘直流耐压试验	新做接头或终端后	额定电压 U_0/U（kV）	试验电压（kV）		仅适用于纸绝缘电缆，诊断性试验，耐压时间为 5min
			分相	统包	
		1.8/3	9	12	
		2.6/3	13	17	
		3.6/3	18	24	
		6/6	30	30	
		6/10	30	40	
		8.7/10	44	47	
		21/35	105	105	
		26/35	130	130	
		1）耐压 5min 时的泄漏电流值不应大于耐压 1min 时的泄漏电流值； 2）三相之间的泄漏电流不平衡系数不应大于 2；6/6kV 及以下电缆的泄漏电流值小于 10PA，8.7/10kV 电缆的泄漏电流值小于 20PA 时，对不平衡系数不做规定			

附录 B（规范性附录） 常见电缆直流电阻

常见电缆直流电阻见表 B。

表 B　　　　　　　　常 见 电 缆 直 流 电 阻

电缆截面（mm²)	20℃时的直流电阻最大值（Ω/km)	
	铝	铜
50	0.641	0.387
70	0.443	0.268
95	0.320	0.193
120	0.253	0.153
150	0.206	0.124
185	0.164	0.0991
240	0.125	0.0751
300	0.100	0.0601
400	0.0778	0.0470
500	0.0605	0.0366
630	0.0469	0.0283
800	0.0367	0.0221
1000	0.0291	0.0176
1200	0.0247	0.0151
1600	0.0186	0.0113
2500	0.0127	0.0073

附录C（资料性附录） 电缆常用故障测寻方法

C.1 电缆主绝缘故障测寻方法

C.1.1 电桥法

电桥法原理如图 C.1 所示。

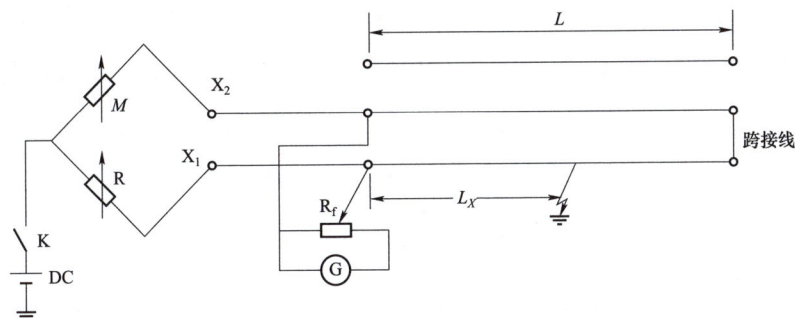

图 C.1　电桥法原理图

电桥法的原理：将被测电缆故障相与非故障相短接，电桥两臂分别接故障相与非故障相，调节电桥两臂上的一个可调电阻器，使电桥平衡，利用比例关系和已知的电缆长度就能得出故障距离。电桥平衡时则有：

$$M \times Lx = (2L - Lx) \times R$$

所以：

$$Lx = 2L \cdot \frac{R}{R + M}$$

式中　L——电缆长度（m）；

　　　R——测量臂电阻（Ω）；

113

M ——比例臂电阻（Ω）；

Lx ——从测量端到故障点的距离。

分相电缆由于感应电流的干扰，电桥的检流计无法平衡，所以电桥法只能用于三相统包电缆。

电桥法的优点是比较简单，精确度符合现场工程测试要求，对于电缆线路的两相短路故障，测起来甚为方便。但是它的适用范围有限，对电缆线路的高阻和闪络性故障，由于电桥电流很小而不易探测。

C.1.2　低压脉冲法

低压脉冲法测距原理：用仪器测量低阻或开路故障时，由检测仪内产生一宽度为 0.1～2μs、幅度大于 120V 的低压脉冲。在 t0 时刻加到电缆故障相一端，此时脉冲便以速度 v 向电缆故障点传播，到达故障点后产生反射脉冲，反射脉冲波以同样的速度 v 向测量端传播，经 tx 时间到达测量端。波在电缆中的传播过程如图 C.2 所示。

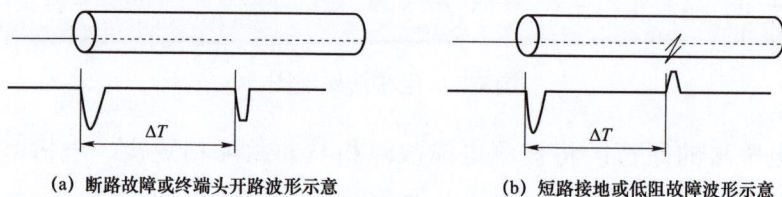

(a) 断路故障或终端头开路波形示意　　　(b) 短路接地或低阻故障波形示意

图 C.2　低压脉冲法示意图

则故障点距离：

$$lx = \frac{tx \cdot v}{2}$$

式中　lx——故障点距离；

tx——脉冲反射时间；

v ——波速。

低压脉冲法可以探测低阻或开路故障，低压脉冲法也可用于电缆外护套故障测寻；但不能测高阻性故障和闪络性故障。

114

C.1.3 高压脉冲法

由于电桥法受接地电阻限制，不能测量高阻接地故障，因此故障点距离的测量已逐渐被脉冲法代替。

高压脉冲法是一种无烧穿故障点的测距方法，适用范围很广，短路、低阻接地、高阻接地、闪络故障、断线故障都可测量，对有屏蔽电力电缆主绝缘故障是一种比较好的测量方法。见表 C.1。

表 C.1 不同故障情况下的波形性质

反射性质 \ 远端状态	短路	开路
电压波	负全发射	正全发射
电流波	正全反射	负全反射

检测方法：采用高压脉冲法测量电缆故障，按照记录放电脉冲波形式的不同可分为电压法和电流法，前者测量电压波在电缆中的来回反射时间，后者测量电流波在电缆中的来回反射时间。不同故障情况下的波形性质见表 C.1。电压法具有不必将高阻与闪络性故障烧穿，直接利用故障击穿产生的瞬时脉冲信号，测试速度快等特点；但安全性差，易串入高压信号、造成仪器损坏，接线的复杂性，耦合波形变化不尖锐、难以分辨等。

按照加压方式的不同可分为直流高压闪络（直闪法）与冲击高压闪络（冲闪法）。

C.1.3.1 直闪法

当故障电阻极高，尚未形成稳定电阻通道之前，可利用逐步升高的直流电压施于被测电缆。至一定电压值后故障点首选被击穿，形成闪络，利用闪络电弧对所加入电压形成短路反射，反射回波在输入端被高阻源形成开路反射。这样电压在输入端和故障点之间将多次反射，直至能量消耗殆尽为止。测试原理线路图如图 C.3 所示，线路的反射波形如图 C.4 所示。

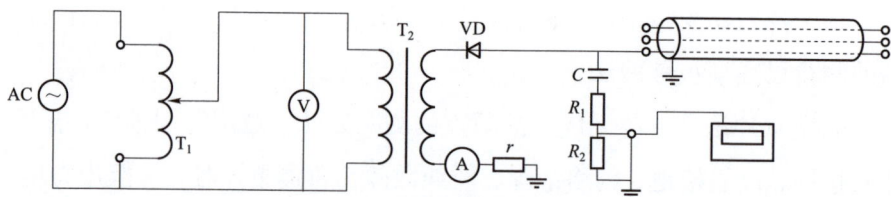

图 C.3　直闪法原理图

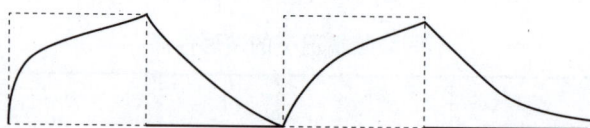

图 C.4　直闪法反射波形图（虚线为理想波形，实线为实际波形）

C.1.3.2　冲闪法

当故障电阻降低，形成稳定电阻通道后，因设备容量所限，直流高压加不上去，此时应改用冲闪法测试。其方法是通过放电球间隙向电压加冲击高压，使故障点击穿产生闪络，原理接线图及故障波形见图 C.5、C.6 所示。

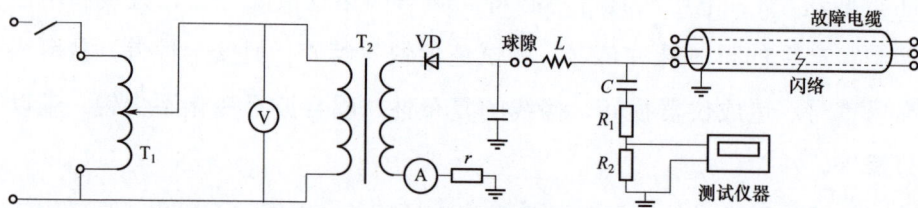

图 C.5　冲闪法测试接线

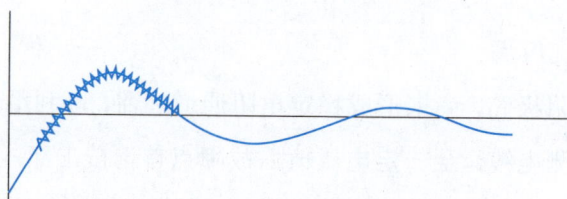

图 C.6　冲闪法测量的故障波形图

凡直闪法和脉冲法无法测出的故障原则上均可用此法测试，适应范围较大。

C.1.4 二次脉冲法

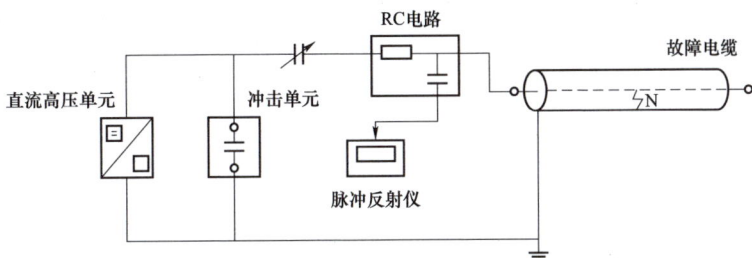

图 C.7 二次脉冲法接线图

二次脉冲法综合了低压脉冲反射法和冲击脉冲法的优点，利用冲击高压或直流高压击穿故障点。闪络通道的低阻状态有一定的维持时间，在这一时段内，发射低压脉冲，检测反射脉冲，计算它们的时间间隔，得到故障点距离。

具体做法：用冲击发生器产生高能脉冲加到测试电缆上，在高阻故障点处产生闪络放电，在故障点起弧的瞬间通过内部装置触发，发射一低压脉冲，此脉冲在故障点闪络处（电弧的电阻值低）发生短路反射，并记忆在仪器中，电弧熄灭后，复发一测量脉冲通过故障处直达电缆末端并发生开路反射，比较两次低压脉冲波形，波形轨迹将在故障点处将会有明显的发散，从而判断出故障点（击穿点）位置。

但二次脉冲法燃弧时间短、燃弧不容易稳定，现场测试时要通过多次实测波形的观察，选择合适的迟延时间，选出最适合判读的测试波形。另外故障点发生在电缆始端或近始端时，波形稍复杂一些，精确读数会引入一定误差。

C.1.5 三次脉冲法

三次脉冲法是在二次脉冲法的升级，其原理方法是首先在不击穿被测电缆故障点的情况下，测得低压脉冲的反射波形，紧接着用高压脉冲击穿电缆的故障点产生电弧，在电弧电压降到一定值时触发中压脉冲来稳定和延长电弧时间。之后再发出低压脉冲，从而得到故障点的反射波形，两条波形叠加后同样可以发现发散点就是故障点对应的位置。由于采用了中压脉冲来稳定和延长电弧时间，它比二次脉冲法更容易得到故障点波形。

C.2　电缆故障精确定位

C.2.1　声测定点法

利用与冲击闪络法相同的高压设备，使故障点击穿放电。故障间隙放电时产生的机械振动传到地面，利用声电传感器检测，可以比较准确地对电缆故障点进行定位。声测法比较灵敏可靠，较为常用。一般除接地电阻特别低（小于 50Ω）的接地故障外都能适用。声测定点发如图 C.8 所示。

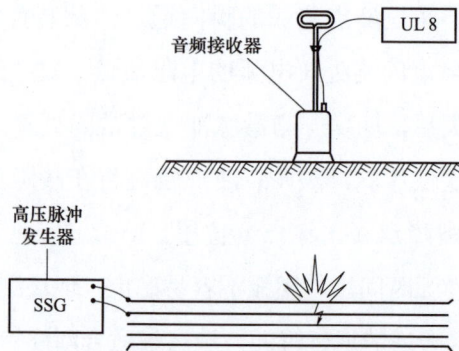

图 C.8　声测定点法

C.2.2　音频感应法

对于电力电缆的短路故障，由于无放电声而不能采用声测法，只能采用音频感应法对故障点进行准确定点。音频感应法用音频信号发生器在电力电缆短路相芯线间通上音频电流，电力电缆会发出电磁波。在电力电缆故障点附近的地面上用探头（电感式线圈）沿被测电力电缆走向接收电磁场变化的信号，将信号放大后送入耳机或指示仪表检测信号的变化情况，直至信号消失。在电力电缆故障点音频信号最强。

C.2.3 声磁同步法

由于现场环境存在各种干扰，单独的声测法和磁测法不能区分放电信号与干扰信号。采用声磁信号同步接收法，利用声电传感器监听声音信号，同时接收空间脉冲磁场信号，就可以判断出所测信号是否由故障点的放电产生，以准确地判断故障点位置。声磁同步法原理如图 C.9 所示。

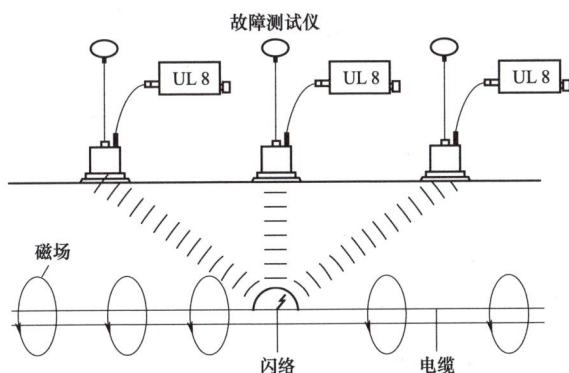

图 C.9 声磁同步法

C.3 外护套故障测寻方法（跨步电压法）

给被测电缆施加脉动或脉冲信号，如果电缆故障点处存在破损并接地，在故障点附近就存在由强到弱的有向电场梯度。沿电缆路径用测量设备可测得信号的幅度和方向。在故障点前后，检流计指针所指的方向相反，进而找到电缆的故障点。

跨步电压法故障点电势分布如下图 C.10、C.11 所示：

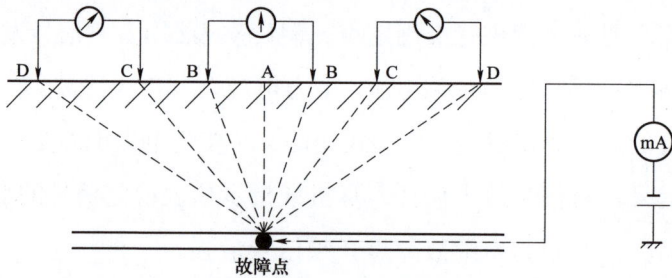

图 C.10　跨步电压法原理图

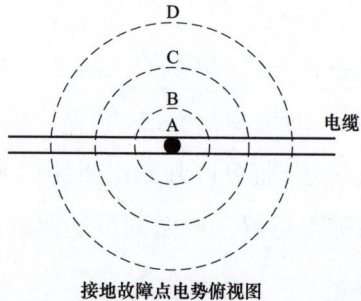

接地故障点电势俯视图

图 C.11　跨步电压法故障点电势分布图

C.4　充油电缆漏油故障查找方法

C.4.1　冻结法

冻结法如图 C.12。将漏油的电缆与完好的电缆用塞止式连接盒或终端头相互连接起来，在一端接上测定用的小容量压力油箱（PT）和精密压力表（G）。

测试时首先在 A 点（入孔内伸缩节处等部位）用液态空气（或液氮）使电缆内的油冻结，此时包括有漏油点在内的 A 点的左侧压力下降。接着使 A 点解冻后再冻结 B 点，进行同样的测定。再以同样的方法逐步缩短 AB 之间的范围。注意，在电缆被冻结后不要让其受到振动。用这种方法，即使漏油量很轻微也能可靠地检查出来，但测定的次数较多，花费时间长。

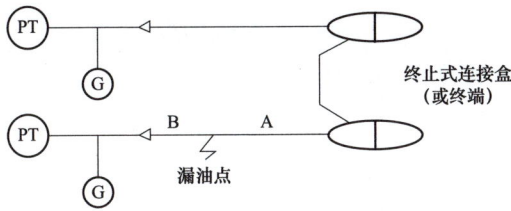

图 C.12　冻结法示意图

C.4.2　流量法

流量法示意图如图 C.13 所示：

将图 C.13 中的压力供油箱 PT 与各相电缆之间的阀门 V_A、V_B、V_C 全关上时，设读得的各相流量为 Q_A、Q_B、Q_C。用下式即可得到漏油点的距离：

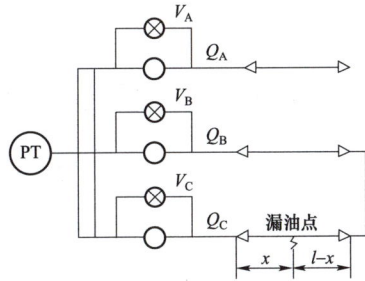

图 C.13　流量法示意图

由 $(Q_A-Q_B)(2l-x)=(Q_C-Q_A)x$ 得：

$$x=(Q_A-Q_B)/(Q_B+Q_C-2Q_A)x2l$$

此方法中利用了非故障相电缆的流量来计算，因此可以排除因温度变化而造成的影响。

C.4.3　压力差法

压力差法在连接油管路时有多种方法，图 C.14 所示的连接方法受温度变化影响造成的误差小，且可在较短时间内进行测定。根据高压力表计 P_A、P_B 上的计数，可以用下式求出漏油点之间的距离 x：

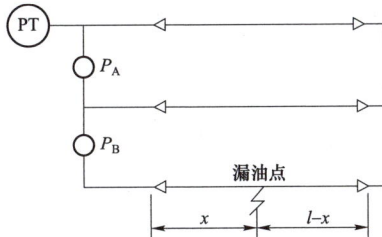

图 C.14　压力差法示意图

$$x = (P_A - P_B)/P_A \times l$$

压力差法在连接油管路时有多种方法，图 C.14 所示的连接方法受温度变化影响造成的误差小，可在较短时间内进行测定。根据高压力表计 P_A、P_B 上的计数，可以用下式求出漏油点之间的距离 x：

$$x = (P_A - P_B)/P_A \times l$$

C.4.4　比较法

压力差法示意图如下图 C.15 所示：

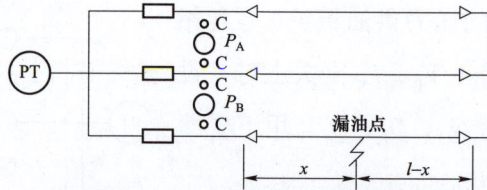

图 C.15　压力差比较法示意图

比较法是从有漏油点的电缆的两端加上相等的压力时，根据从两端流向漏油点的油量之比与各自的距离之比成反比而找出漏油点的方法。管路的接法可考虑几种回路。图 C.15 中为 3 根单芯电缆构成的线路，在各种连接中，测定从压力供油箱供给的油压，通过标准流体阻抗 R 后的各相之间的压力差 P_A、P_B，就可用下式求出试验端到漏油点的距离：

$$x = (P_B - P_A)/(P_A + P_B) \times l_S + 2P_B/(P_A + P_B) \times l$$

式中：l_S 为相当于标准液体阻抗 R 的电缆长度。

这种方法不受温度变化的影响。曾在三峡工程施工供电中运用比较法检测出漏油量为 0.6L/天的漏油点，距离误差在 1% 之内。

参 考 文 献

［1］ 国家电网公司. 电力电缆线路试验规程 Q/GDW 11316—2014［S］. 北京：中国电力
出版社，2014.

［2］ 国家电网公司. 电力电缆及通道运维规程 Q/GDW 1512—2014［S］. 北京：中国电力
出版社，2014.

［3］ 国家电网公司. 国家电网公司电力安全工作规程　线路部分 Q/GDW 1799. 2 — 2013
［S］. 北京：中国电力出版社，2013.

［4］ 徐丙垠，李胜祥，陈宗军. 电力电缆故障探测技术［M］. 北京：机械工业出版社，
1999.

［5］ 国家电网公司人力资源部国家电网公司生产技能人员职业能力培训专用教材：输电
电缆［M］. 北京：中国电力出版社，2010.

［6］ 国家电网公司人力资源部. 国家电网公司生产技能人员职业能力培训专用教材：配电
电缆［M］. 北京中国电力出版社，2010.

［7］ 中国电机工程学会城市供电专业委员会. 电力电缆［M］. 北京：中国电力出版社，
2006.

［8］ 全国避雷器标准化技术委员会. 交流无间隙金属氧化物避雷器：GB 11032 — 2010［S］
北京：中国标准出版社，2011：8.

［9］ 国家能源局. 交流电力系统金属氧化物避雷器使用导则：DL/T 804—2014［S］. 北京：
中国电力出版社，2015：3.

［10］ 国家能源局. 交流输电线路用复合外套金属氧化物避雷器：DL/T 815—2012［S］.
北京：中国电力出版社，2012：3.

［11］ 国家电网公司. 国家电网公司输变电设备状态检修试验规程：Q/GDW 1168—2013
［S］. 北京：中国电力出版社，2013.

［12］ 中华人民共和国发展和改革委员会. 带电设备红外诊断应用规范：DL/T 664—2016

　　　　　　［S］．北京：中国电力出版社，2016．

［13］国家电网公司．高压电缆状态检测技术规范：Q/GDW 11223—2014［S］．北京：中国电力出版社，2014．

［14］中华人民共和国住房和城乡建设部．电气装置安装工程：电气设备交接试验：GB 50150—2016［S］．北京：中国计划出版社，2016：12．

［15］电力行业电力电缆标准化技术委员会．额定电压 66～220kV 交联乙烯绝缘电力电缆户外终端安装规程：DL/T 344—2010［S］．北京：中国电力出版社，2011：5．

［16］国家电网公司基建部．国家电网公司输变电工标准工艺：典型施工方法［M］．北京：中国电力出版社，2014．

［17］国家电网公司基建部．国家电网公司输变电工程标准工艺：工艺标准库［M］．北京：中国电力出版社，2014．

［18］中华人民共和国住房和城乡建设部．电气装置安装工程电缆线路施工及验收标准：GB 50168—2018［S］．北京：中国计划出版社，2018．

［19］中华人民共和国住房和城乡建设部．电力工程电缆设计规范：GB 50217—2018［S］．北京：中国计划出版社，2018．

［20］国家能源局．额定电压 66～220kV 交联聚乙烯绝缘电力电缆接头安装规程 DL/T 342—2010［S］．北京：中国电力出版社，2011：5．